U0385383

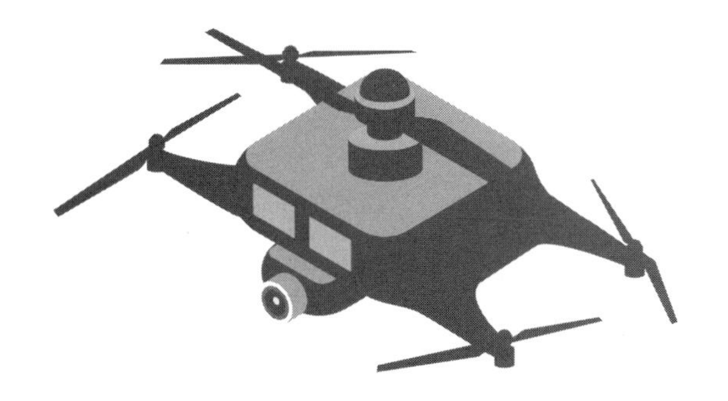

UAS CONTROL TECHNOLOGY

无人机操控技术

梁晓明 主 编
林 刚 孙玉军 副主编

化学工业出版社
·北京·

内容简介

无人机操控技术是无人机应用技术专业必修课程。具体内容包括：绪论、无人机飞行控制系统、模拟飞行软件、多旋翼无人机飞行、固定翼无人机飞行、旋翼无人机飞行、地面站、无人机行业应用及无人机法律与法规知识。本书具有技术前瞻性、体系系统性等特点。

本书可作为中、高职院校无人机应用技术专业课程的教材，也可供无人机培训机构学生和无人机爱好者学习、参考。

图书在版编目（CIP）数据

无人机操控技术/梁晓明主编．—北京：化学工业出版社，2021.7（2025.2重印）
职业教育无人机应用技术专业系列教材
ISBN 978-7-122-39138-4

Ⅰ.①无… Ⅱ.①梁… Ⅲ.①无人驾驶飞机-教材
Ⅳ.①V279

中国版本图书馆CIP数据核字（2021）第087340号

责任编辑：葛瑞祎　韩庆利　　文字编辑：吴开亮
责任校对：王素芹　　装帧设计：史利平

出版发行：化学工业出版社（北京市东城区青年湖南街13号　邮政编码100011）
印　　装：大厂回族自治县聚鑫印刷有限责任公司
787mm×1092mm　1/16　印张10　字数238千字　2025年2月北京第1版第4次印刷

购书咨询：010-64518888　　售后服务：010-64518899
网　　址：http://www.cip.com.cn
凡购买本书，如有缺损质量问题，本社销售中心负责调换。

定　　价：35.00元

版权所有　违者必究

前言

无人机近年来发展迅速，从技术角度看已经相对比较成熟。其成本低，使用风险小，易操纵，具有高度灵活性，能够携带一些重要的设备在空中完成某些特殊任务，在军事和民用领域受到青睐。目前，无人机已广泛应用于航拍航测、农业植保、电力巡检、安防等领域，大大拓展了无人机的用途，已成为我国经济发展的一个新的增长点。

目前我国对无人机操控人员的需求量非常大，而且将会在很长一段时间都处于一种供不应求的状态。无人机驾驶员必须了解相应的航空法规、安全飞行知识，熟悉各类无人机的飞行原理、相关电子设备的使用及维修保养，并通过全方位模拟复杂的飞行环境及无人机的模拟飞行练习来熟悉无人机遥控器、地面站调试软件等各种设备的操作，从而熟练掌握操控无人机的技能。

本书共分为8章。第1章介绍无人机系统概述、无人机分类以及无人机的结构和系统组成；第2章介绍飞行控制系统的作用和飞行控制器的种类；第3章介绍无人机模拟飞行软件，包括软件的安装设置以及摇杆的基本操纵方法；第4～6章分别具体介绍多旋翼无人机、固定翼无人机和旋翼无人机的特点及各自的操控技术；第7章介绍地面站的基本知识以及调试软件的使用；第8章介绍无人机的行业应用。附录为无人机驾驶员必须了解的法律与法规，具体内容扫描相应二维码即可查看。

本书具有以下两大特点。

一、技术前瞻性

本书是结合教学内容、企业需求、无人机技术发展前景编写而成的。在保证技术稳定性、实用性的基础上，有预见性地增加了行业前沿技术内容，可使学生多方位掌握专业技能，为学生职业生涯的定向发展奠定基础。

二、体系系统性

根据学生认知规律，本书由浅入深，循序渐进，理论学习与实践教学融为一体，将技能培养与素质教育相结合，旨在真正把学生打造成为企业需要的无人机应用与开发人员。

本书由河北化工医药职业技术学院梁晓明担任主编，宇航纵横河北航空服务有限公司林刚和沧州职业技术学院孙玉军担任副主编，河北机电职业技术学院麻丽明、樊新乾及宇航纵横河北航空服务有限公司张远航参与编写。具体编写分工如下：麻丽明编写了第1章和第3章，孙玉军编写了第2章和第7章，樊新乾编写了第4章，梁晓明编写了第5章，张远航编写了第6章，林刚编写了第8章，梁晓明对全书进行了统稿。

由于编写时间紧迫以及编者的水平有限，书中难免存在不足之处，恳请广大读者批评指正！

编　者

2021年5月

目录

第1章 绪论

【内容提要】 本章首先对无人机系统进行了简单介绍，继而介绍了无人机的主要分类的内容；然后针对固定翼无人机、无人直升机、多旋翼无人机3种机型的基本结构做了简单介绍；最后介绍了无人机的系统组成。

无人机作为一种新兴技术，随着科技的进步，近几年在国内外迅猛发展。无人机不仅改变了传统的军事作战方式，而且因其生产成本低、安全系数高、生存能力强、机动性能好等优点，在民用领域，如在影视航拍、农业植保、电力巡线、海上救援等方面都有广泛的应用。

1.1 无人机系统概述

中国民用航空局飞行标准司在2016年7月11日颁布的《民用无人机驾驶员管理规定》（AC-61-FS-2016-20-R1），对无人机及相关概念作了定义。

无人机（Unmanned Aerial，UA）是由控制站管理（包括远程操纵或自主飞行）的航空器，也称为远程驾驶航空器（Remotely Piloted Aircraft，RPA），是利用无线电遥控设备和自备的程序控制装置操纵的不载人飞行器，也可由车载计算机完全地或间歇地自主操作。

无人机系统（Unmanned Aerial Systems，UAS）是指由无人机、相关的控制站、所需的指令与控制数据链以及批准的型号设计规定的任何其他部件组成的系统，也称远程驾驶航空器系统（Remotely Piloted Aircraft Systems，RPAS），是无人机及其配套的通信站、发射/回收装置，以及无人机的运输、储存和检测装置等的统称。事实上，无人机要完成任务，除需要有无人机及其携带的任务设备外，还需要有地面控制设备、数据通信设备、维护设备，以及指挥控制和必要的操作、维护人员等，较大型的无人机还需要专门的发射/回收装置。完整意义上的无人机应称为无人机系统，如图1-1所示。

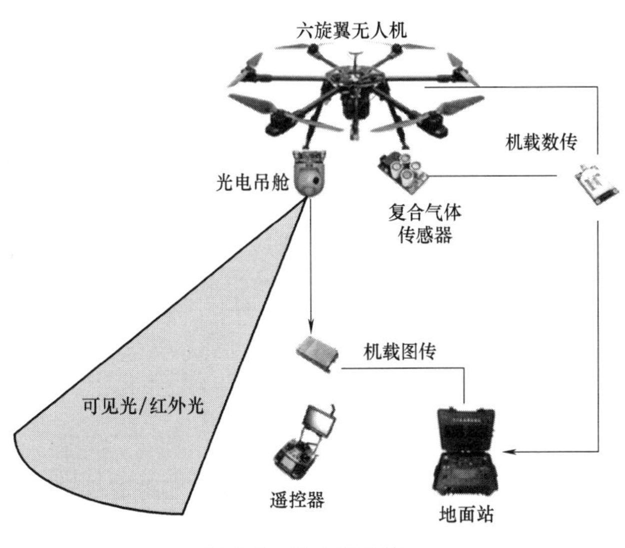

图1-1 无人机系统

无人机系统驾驶员是指由运营人员指派对无人机的运行负有必不可少

的职责，并在飞行期间适时操纵飞行的人。

无人机系统机长是指在系统运行时间内，负责整个无人机系统运行和安全的人。

1.2 无人机的分类

近年来，随着国内外无人机相关技术飞速发展，形成了种类繁多、形态各异、丰富多彩的现代无人机家族，而且新概念还在不断涌现，其创新的广度和深度也在不断加大。通常情况下，无人机可按飞行平台构型、用途、规格、活动半径、飞行高度、民航法规、飞行速度、使用次数、控制模式、动力装置等进行分类。

按飞行平台构型的不同，无人机可以分为固定翼无人机、无人直升机（又称旋翼无人机）、多旋翼无人机、伞翼无人机、扑翼无人机、无人飞艇和混合式无人机等。

① 固定翼无人机　固定翼无人机是指由动力装置产生前进的推力或拉力，由机身固定的机翼产生升力，在大气层内飞行的重于空气的无人机。一种典型的固定翼无人机如图 1-2 所示。

图 1-2　固定翼无人机

② 无人直升机　无人直升机是指依靠动力系统驱动一个或多个旋翼产生升力和推进力，实现垂直起落及悬停、前飞、后飞、定点回转等可控飞行的无人机。一种典型的无人直升机如图 1-3 所示。

按旋翼数量和布局方式的不同，无人直升机可分为单旋翼带尾桨无人直升机、共轴式双旋翼无人直升机、纵列式双旋翼无人直升机、横列式双旋翼无人直升机和带翼式无人直升机等不同类型。

无人直升机的特点是可垂直起降、可悬停、操作灵活、可任意方向飞行，但结构复杂、故障率较高。它与固定翼无人机相比，飞行速度低、油耗高、载荷小、航程短、续航时间短。

③ 多旋翼无人机　多旋翼无人机是指具有 3 个及以上旋翼轴提供升力和推进力的可垂直起降的无人机。一种典型的多旋翼无人机如图 1-4 所示。

图 1-3　无人直升机

图 1-4　多旋翼无人机

与无人直升机通过自动倾斜器、变距舵机和拉杆组件来实现桨叶的周期变距不同，多旋翼无人机的旋翼总距是固定不变的，通过调整不同旋翼的转速来改变单轴推进力的大小，从而改变无人机的飞行姿态。

多旋翼无人机的特点是结构简单、价格低廉、操作灵活、可向任意方向飞行，但有效载荷较小、续航时间较短。

按照用途不同，可以把无人机分为军用无人机和民用无人机或工业级无人机和消费级无人机，这两种分类方法对无人机的性能、使用领域等要求各有不同。

① 军用无人机对于灵敏度、飞行高度与速度、智能化等要求最高，也是技术水平最高的无人机。根据航程、活动半径、续航时间和飞行高度可把军用无人机分为战术无人机和战略无人机两大类；按作战任务可把军用无人机分为侦察监视无人机、校射无人机、电子战无人机、通信中继无人机、攻击无人机、运输无人机和靶机七类。

② 民用无人机一般对于速度、升限和航程等要求都较低，但对于人员操控培训、综合成本有较高的要求，因此需要配套价格低廉的零部件和较好的售后服务。民用无人机主要用于地质勘查、地形测绘、农作物病虫害防治、农作物产量评估、森林防火、汛情监视、交通管制、气象监测等方面。目前，民用无人机最大的市场在于为政府提供公共服务（约占总需求的70%）。未来无人机发展潜力最大的市场估计在民用领域，诸如农业植保、空中无线网络和数据获取等。

③ 工业级无人机一般会根据行业需求不同搭载各种专业探测设备，如红外热像仪、激光雷达、高光谱相机、大气探测器等，主要用于各行各业的日常工作中。一般要求无人机具有一定的防护措施，以降低意外带来的自身损害和连带伤害，要拥有尽量长的航时、尽量远的通信距离，还要求有足够的可靠性来满足长年累月重复使用的要求。因为工业级无人机主要面向行业用户定制生产，所以产量一般不大，且售价较高。

④ 消费级无人机一般搭载相机、摄像头等拍摄设备，根据需要再配备云台和图传电台等，以满足消费者的娱乐需求。消费级无人机大多面对普通消费者或者航拍爱好者，一般要求无人机便于携带和易操控，且价格便宜。

按照规格的不同，可将无人机分为微型无人机、轻型无人机、小型无人机以及大型无人机。

微型无人机是指空机质量小于或等于7kg的无人机，如图1-5（a）所示。轻型无人机是指空机质量大于7kg，但小于或等于116kg的无人机，如图1-5（b）所示。小型无人机是指空机质量大于116kg，但小于或等于5700kg的无人机。大型无人机是指空机质量大于5700kg的无人机。

(a) (b)

图1-5 微型及轻型无人机

按照活动半径的不同，可将无人机分为超近程无人机、近程无人机、短程无人机、中程

无人机和远程无人机，具体分类如表 1-1 所示。

表 1-1 无人机按活动半径分类

无人机的分类	活动半径/km
超近程无人机	<15
近程无人机	15～50
短程无人机	50～200
中程无人机	200～800
远程无人机	>800

按照飞行高度的不同，可将无人机分为超低空无人机、低空无人机、中空无人机、高空无人机和超高空无人机，具体分类如表 1-2 所示。

表 1-2 无人机按飞行高度分类

无人机的分类	飞行高度/m
超低空无人机	0～100
低空无人机	100～1000
中空无人机	1000～7000
高空无人机	7000～18000
超高空无人机	>18000

按照中国民用航空局飞行标准司 2016 年 7 月 11 日颁布的《民用无人机驾驶员管理规定》(AC-61-FS-2016-20-R1)，无人机可分为 9 类，具体分类如表 1-3 所示。

表 1-3 无人机按民航法规分类

无人机的分类	空机重量/kg	起飞重量/kg
Ⅰ	0<空机重量(或起飞重量)≤1.5	
Ⅱ	1.5<空机重量≤4	1.5<起飞重量≤7
Ⅲ	4<空机重量≤15	7<起飞重量≤25
Ⅳ	15<空机重量≤116	26<起飞重量≤150
Ⅴ	植保类无人机	
Ⅵ	无人飞艇	
Ⅶ	超视距运行的Ⅰ、Ⅱ类无人机	
Ⅷ	116<空机重量≤5700	150<起飞重量≤5700
Ⅸ	空机重量/起飞重量>5700	

按照飞行速度的不同，可将无人机分为亚声速无人机、超声速无人机和高超声速无人机。

按照使用次数的不同，可将无人机分为单次使用无人机和多次使用无人机。

单次使用无人机发射后不回收，也不需要在机上安装回收系统。多次使用无人机是指需要重复回收，并且要求回收的无人机。

按照控制模式的不同，可将无人机分为遥控式无人机、半自主式无人机和自主式无人机三种。

① 遥控式无人机是由地面人员通过无线电发送指令有效控制其飞行的无人机。驾驶员实时操控遥控器面板上的摇杆和按钮，由遥控器发射机发出对应的无线电指令信号，传输到无人机的遥控接收机上，控制无人机飞行的高度、速度、航向等参数，并实施预定的飞行和工作计划。

② 半自主式无人机是在有地面控制指令时按控制指令飞行，无地面控制指令时按预编程序指令飞行的无人机。驾驶员通过飞行管理系统界面执行任务或改变任务，在没有输入控制指令的情况下，无人机将实施预编程序的自动飞行。

③ 自主式无人机是按预先输入的程序指令自动飞行，并执行预定任务的无人机，也称时间程序控制型无人机。

三者兼备式无人机是具有遥控式、半自主式和自主式功能的无人机。

按照动力装置的不同，可将无人机分为电动式无人机、油动式无人机和油电混合式无人机三种。

1.3 无人机的结构组成

1.3.1 固定翼无人机的基本结构

除少数特殊形式的无人机外，固定翼无人机一般由机翼、机身、尾翼、起落架装置和动力装置五个主要部分组成。

(1) 机翼

机翼的主要功能是产生升力，以支持无人机在空中飞行，同时也起到一定的稳定和操作作用。在机翼上一般安装有副翼和襟翼，操纵副翼可使无人机滚转，放下襟翼可使升力增大。机翼上还可安装发动机、起落架和油箱等。不同用途的无人机，其机翼形状和大小也各有不同。

(2) 机身

机身的主要功能是装载人员、货物和各种设备，将无人机的其他部件（如机翼、尾翼及发动机等）连接成一个整体。

(3) 尾翼

尾翼包括水平尾翼和垂直尾翼。水平尾翼由固定的水平安定面和可动的升降舵组成，有的高速无人机将水平安定面和升降舵合为一体，称为全动平尾。垂直尾翼包括固定的垂直安定面和可动的方向舵。尾翼的作用是操作无人机俯仰和偏转，保证无人机能平稳飞行。

(4) 起落架装置

无人机的起落架大都由减振支柱和机轮组成，其作用是起飞、着陆滑跑、地面滑行和停放时支撑无人机。

(5) 动力装置

动力装置主要用来产生拉力和推力，使无人机前进。

无人机上除这五个主要部分外，根据无人机操纵和执行任务的需要，还装有各种仪表、通信设备、领航设备、安全设备等其他设备。

1.3.2 多旋翼无人机的基本结构

多旋翼无人机一般由机架、起落架、动力装置（包括电动机和电调、电池、螺旋桨）、飞控系统、遥控装置、GPS模块、任务设备和数据链路组成，如图1-6所示。

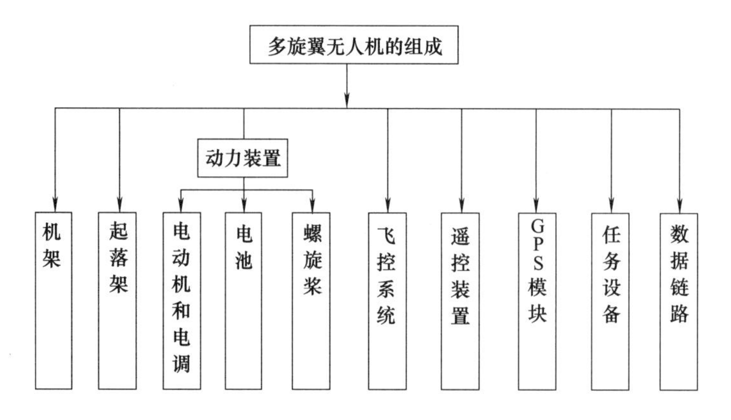

图1-6　多旋翼无人机的组成

(1) 机架

机架是大多数设备的安装位置，也是多旋翼无人机的主体，机架也称机身。动力装置和飞控板（飞行控制器）等设备都安装在机架上。根据悬臂个数不同，机架可分为三旋翼、四旋翼、六旋翼、八旋翼、十六旋翼、十八旋翼等，也有四轴八旋翼，结构不同，叫法也不同。

① 机架类型　按材质的不同，一般可将机架分为以下几种类型。

a. 塑胶机架。其主要特点是具有一定的刚度、强度和可弯曲度，价格比较低廉。

b. 玻璃纤维机架。其主要特点是强度比较高，而且需要的材料很少，可以减轻整体机架的重量。

c. 碳纤维机架。其主要特点是重量轻，但价格要贵一些。

基于结构强度和重量考虑，一般采用碳纤维机架，如图1-7所示。

图1-7　碳纤维机架

② 机架作用　机架的主要作用如下。

a. 提供安装接口，这些接口包括安装和固定电动机、电子调速器、飞控板的螺纹孔。

b. 为整体提供稳定和坚固的平台，使电动机在转动过程中不会毁坏其他设备，并为传感器提供一个稳定的平台。

c. 用于安装起落架等缓冲设备，为飞行器提供安全的起飞和降落条件，避免损坏其他仪器。

d. 为其他装置提供相应的保护，保护飞行器本身和可能接触到的操作人员。

(2) 起落架

起落架是多旋翼无人机唯一和地面接触的部位。作为整个机身在起飞和降落时候的缓冲，也是为了保护机载设备，要求起落架具有强度高、结构牢固、和机身保持相当可靠的连接、能够承受一定的冲力等特点。一般在起落架前后安装或涂装不同的颜色，用于在远距离飞行时区分多旋翼无人机的前、后面。

(3) 动力装置

多旋翼无人机的动力装置通常采用电动系统，主要由电池、电子调速器（电调）、电动机和螺旋桨四部分组成。

(4) 飞控系统

飞控系统主要由陀螺仪、加速度计、角速度计、气压计、GPS模块、指南针和控制电路等组成，主要功能是计算并调整无人机的飞行姿态，控制无人机自主或半自主飞行。

1.3.3 无人直升机的基本结构

无人直升机的基本结构一般包括机身、主旋翼、尾桨、操纵系统、传动系统、电动机或发动机和起落架等。

① 无人直升机机身的主要功能是装载燃料、货物和设备等，同时作为无人直升机安装基础，把各部分连成一个整体。

② 主旋翼由桨叶和桨毂等部件组成，主要功能是将桨叶旋转的动能转换成旋翼的升力和拉力。

③ 尾桨一般安装在尾梁后部、尾斜梁或垂尾上，主要功能是平衡旋翼的反扭矩、改变尾桨的推力（或拉力），实现对无人直升机航向的控制和提供一部分升力等。尾桨分为推式尾桨和拉式尾桨两种类型。

④ 操纵系统主要由自动倾斜器、座舱操纵机构和操纵线系等组成，主要功能是用来控制无人直升机的飞行。无人直升机的垂直、俯仰、滚转和偏航四种运动形式分别对应总距操纵、纵向操纵、横向操纵和航向操纵四个操纵。

⑤ 传动系统主要由减速器、传动轴、尾减速器及总减速器组成，主要功能是将发动机的动力传递给主旋翼和尾桨。

1.4 无人机的系统组成

无人机系统主要由机体平台分系统、航电分系统、地面站分系统、任务设备分系统和地面保障设备分系统五部分组成。

(1) 机体平台分系统

该系统主要由结构系统及动力系统两部分组成。结构系统是其他所有机载设备、模块的载体，主要包括机架和起落架。动力系统主要包括螺旋桨、电动机、电调及电池。

(2) 航电分系统

该系统主要由飞行控制系统和导航系统两部分组成，承担着无人机飞行控制、导航、数据通信管理、执行相关任务等工作，是无人机系统的核心组成部分。

(3) 地面站分系统

该系统是整个无人机系统的指挥控制中心。地面站分系统用于对无人机的各种飞行数据和任务设备状况等进行实时的监控，以便发生紧急情况时能够及时采取相应处理措施来保证无人机的安全，同时方便事前规划和事后分析处理。地面站分系统主要由通信链路、地面控制站和地面站软件组成。

(4) 任务设备分系统

该系统主要由任务载荷及其相配套的系列机载和地面设备共同组成。任务设备分系统的具体组成和无人机所执行的任务相关。根据任务的不同，同一型号的无人机也可装载不同的任务设备，通常将军用无人机任务设备分系统分为侦察设备、电子站设备、攻击设备、通信中继设备等；民用无人机任务设备主要有数字航空照相机、可见光电视摄像机、红外热成像仪和合成孔径雷达（SAR）。其中数字航空照相机、可见光电视摄像机主要执行昼间巡检任务，红外热成像仪主要执行夜间巡检任务，合成孔径雷达（SAR）主要执行全天候巡检任务。此外，为了完成巡检目标定位、指示等任务，还可安装激光测距或目标指示设备等。

(5) 地面保障设备分系统

地面保障设备分系统主要由无人机运输与发射或起飞保障设备和降落或回收保障设备组成，用于保证无人机顺利飞行和完成指定的任务。

本章小结

1. 无人机（Unmanned Aerial，UA）是指由控制站管理（包括远程操纵或自主飞行）的航空器，也称为远程驾驶航空器（Remotely Piloted Aircraft，RPA）。无人机是利用无线电遥控设备和自备的程序控制装置操纵的不载人飞行器，也可由车载计算机完全或间歇地自主操作。

2. 无人机系统（Unmanned Aerial Systems，UAS）是指由无人机、相关的遥控站、所需的指令与控制数据链路以及批准的型号设计规定的任何其他部件组成的系统。无人机系统也称远程驾驶航空器系统（Remotely Piloted Aircraft Systems，RPAS）。无人机系统主要由机体平台分系统、航电分系统、地面站分系统、任务设备分系统和地面保障设备分系统五部分组成。

3. 按飞行平台构型的不同，无人机可以分为固定翼无人机、无人直升机、多旋翼无人机、伞翼无人机、扑翼无人机、无人飞艇和混合式无人机等。

4. 按照用途不同，可以把无人机分为军用无人机和民用无人机或工业级无人机和消费级无人机，这两种分类方法对无人机的性能、使用领域等要求各有不同。

5. 按照规格的不同，可将无人机分为微型无人机、轻型无人机、小型无人机以及大型无人机。

6. 按照活动半径的不同，可将无人机分为超近程无人机、近程无人机、短程无人机、中程无人机和远程无人机。

7. 按照飞行高度的不同，可将无人机分为超低空无人机、低空无人机、中空无人机、高空无人机和超高空无人机。

8. 按照中国民用航空局飞行标准司 2016 年 7 月 11 日颁布的《民用无人机驾驶员管理规定》（AC-61-FS-2016-20-R1），无人机可分为 9 类。

9. 按照飞行速度的不同，可将无人机分为亚声速无人机、超声速无人机和高超声速无人机。

10. 按照使用次数的不同，可将无人机分为单次使用无人机和多次使用无人机。

11. 按照控制模式的不同，可将无人机分为遥控式无人机、半自主式无人机和自主式无人机三种。

12. 按照动力装置的不同，可将无人机分为电动式无人机、油动式无人机和油电混合式无人机三种。

13. 固定翼无人机一般由机翼、机身、尾翼、起落架装置和动力装置五个主要部分组成；多旋翼无人机一般由机架、起落架、动力装置（包括电动机和电调、电池、螺旋桨）、飞控系统、遥控装置、GPS模块、任务设备和数据链路组成；无人直升机的基本结构一般包括机身、主旋翼、尾桨、操纵系统、传动系统、电动机或发动机和起落架等。

习题

1. 简述无人机及无人机系统的概念。
2. 分别列举无人机按不同方式分类的具体机型及种类内容。
3. 无人机的结构由哪几部分组成？
4. 无人机系统主要由哪几部分组成？

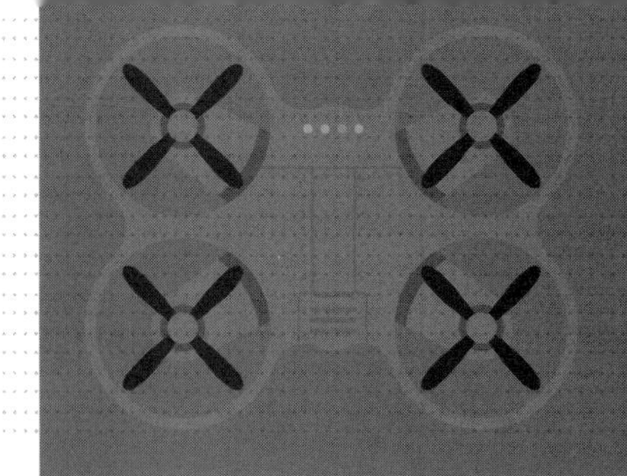

第2章 无人机飞行控制系统

【内容提要】 本章首先介绍了无人机飞行控制系统的作用和发展、飞行控制器的种类；然后详细介绍了无人机气压传感器、无人机磁力计传感器、陀螺仪加速度计、MPU6050 加速度计的编程应用；最后介绍了无人机飞行控制姿态控制算法。

在纷繁复杂的无人机产品中，四旋翼无人机以其结构简单、使用方便、成本低廉等优势，最先进入了大众的视线。常见的开源飞控有很多种，对于初学者来说，既要熟悉飞控的开发环境、各种飞控芯片、传感器、飞控等相关知识，还要学习飞控工程的结构和思想、嵌入式系统、程序移植等知识，许多飞控需要操作系统的支持，例如在飞控上运行 FreeRTOS 系统，对新功能的加入支持更加有力，程序可以模块化，多个任务同时运行，互不干扰。

2.1 飞控系统的作用和发展

无人机自动飞行控制系统的基本任务：①当无人机在空中受到干扰时保持飞行姿态与航迹的稳定；②按地面无线传输指令的要求，改变飞行姿态与航迹；③完成导航计算、遥测数据传送、任务控制与管理等。

(1) 飞控系统的作用

飞行控制（简称飞控）系统的作用：①保证无人机的稳定性和操纵性；②提高无人机飞行性能和完成任务的能力；③增强飞行的安全性和减轻驾驶员的工作负担。

(2) 开源飞控系统的发展

开源飞控系统的发展可分为三代：

第一代开源飞控系统：使用 Arduino 或其他类似开源电子平台为基础，扩展连接各种 MEMS 传感器，能够让无人机平稳地飞起来。其主要特点是模块化和可扩展能力。

第二代开源飞控系统：大多拥有自己的开源硬件、开发环境和社区，采用全集成的硬件架构，将 10DOF 传感器、主控单片机甚至 GPS 等设备全部集成在一块电路板上，以提高可靠性。它使用全数字三轴 MEMS 传感器组成航姿系统（IMU），能够控制飞行器完成自主航线飞行，同时可加装电台与地面站进行通信，初步具备完整自动驾驶仪的功能。此类飞控还能够支持多种无人设备，包含固定翼飞行器、多旋翼飞行器、直升机和车辆等，并具备多种飞行模式，包含手动飞行、半自主飞行和全自主飞行。第二代飞控的主要特点是高集成性、高可靠性，其功能已经接近商业自动驾驶仪标准。

第三代开源飞控系统：在软件和人工智能方面进行了革新。它加入了集群飞行、图像识别、自主避障、自动跟踪飞行等高级飞行功能，并向机器视觉、集群化、开发过程平台化的方向发展。

2.2 飞行控制器的种类

2.2.1 Arduino飞控

Arduino是最早的开源飞控，2005年在意大利交互设计学院合作开发而成。Arduino公司搭建了一个灵活的开源硬件平台和开发环境，用户可以从Arduino官网取得硬件的设计文档，根据需求对电路进行裁剪，以符合自己实际设计的需要。

用户可以通过配套的Arduino IDE软件查看源代码并上传自己编写的代码，Arduino IDE使用的是基于C语言和C++的Arduino语言，Arduino IDE可以跨平台（如Windows、Mac OS、Linux）运行。

著名的开源飞控WMC和APM都是Arduino飞控的衍生产品，至今仍然使用Arduino开发环境进行开发。

2.2.2 3D Robotics飞控

3D Robotics公司旗下的飞控有3款，分别是Ardupilot Mega（简称APM)、PX4和Pixhawk。

APM开发环境为Arduino-IDE、地面站使用Mission Planner。APM是2007年由DIY无人机社区（DIY drones）推出的飞控产品，是当今最为成熟的开源硬件项目。基于Arduino的开源平台，处理核心是Arduino 16位Mega系列单片机，对加速度计、陀螺仪和磁力计组合惯性测量单元（IMU）等进行改进。开发者通过开源软件Mission Planner和Apm Planner配置APM的设置，接受并显示传感器的数据，使用Google Map完成自动驾驶等功能。Mission Planner仅支持Windows操作系统。

APM飞控支持多旋翼、固定翼、直升机和无人驾驶车等无人设备。针对多旋翼连接外置GPS传感器能够增稳，并完成自主起降、自主航线飞行、回家、定高、定点等丰富的飞行模式。还能外接超声波传感器和光流传感器，在室内实现定高和定点飞行。APM飞控官网：http://copter.ardupilot.com，一些开发者资料可在http://dev.ardupilot.com网站上查到。

PX4飞控（图2-1）是AMP的升级版，它使用Stm32F407单片机，由PX4FMU和

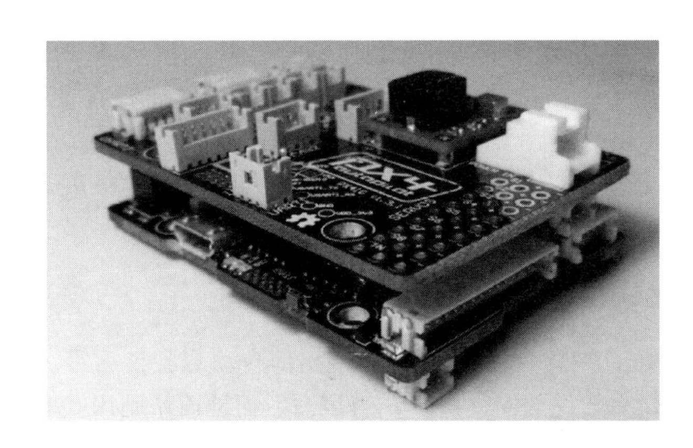

图2-1 PX4飞控

PX4IO 板两部分组成，是一个软硬件开源的高端自驾仪，源于苏黎世联邦理工大学的计算机视觉与几何实验室、自主系统实验室和自动控制实验室的 Pixhawk 项目。PX4FMU 自驾仪模块运行高效的实时操作系统（RTOS），Nuttx 提供可移植操作系统接口（POSIX）类型的环境。软件可以使用 USB bootloader 更新。PX4 通过 MAVLink 同地面站通信，兼容的地面站有 Q Ground Control 和 Mission Planner。

3DR 联合 APM 小组与 PX4 小组于 2014 年推出 Pixhawk 飞控（图 2-2），它把 PX4FMU 和 PX4IO 板结合在一起，是 PX4 飞控的升级版，拥有 PX4 和 APM 两套固件和相应的地面站软件。Pixhawk 采用 Cortex-M4 单片机作为主控芯片，内置两套陀螺仪和加速度计 MEMS 传感器，互为补充矫正，内置三轴磁场传感器并可以外接一个三轴磁场传感器，同时可外接一主一备两个 GPS 传感器，在故障时自动切换。

图 2-2 Pixhawk 飞控

它使用最先进的定高算法，气压高度计确保飞行器高度误差在 1m 以内。Pixhawk 支持几乎所有多旋翼类型，拥有多种飞行模式，支持全自主航线、关键点围绕、鼠标引导、“FollowMe”、对尾飞行等高级飞行模式，并能够完成自主调参。集成多种电子地图，可以根据当地情况进行选择。

Pixhawk 飞控官网：https://pixhawk.org，PIX4 和 Pixhawk 的资料都在官网上，代码都托管在 GitHub 上。

diydones 论坛网址：http://diydrones.com。它是 3dr 旗下的交流论坛，可以在这里与国外飞控爱好者进行交流。

2.2.3 Paparazzi（PPZ）飞控

Paparazzi（PPZ）是 2003 年开发的软硬件全开源的项目。开源飞控不仅覆盖了飞控板的软硬件，包括稳压电源、GPS 接收机、卡尔曼滤波代码、自动驾驶软件，还包含地面站软硬件、数传电台、天线等设备。

采用 ubuntu 操作系统，它将全部地面站软件和开发环境集成于该系统下，官方称之为 Live CD。与飞控硬件结合，可完成从开发到使用的全部工作。

最流行的硬件版本是 Paparazzi（PPZ）Lisa/M v2.0，拥有大量的扩展接口，可连接 IMU 传感器板。

资料查询网站：http://wiki.paparazziuav.org/wiki/Main_Page，https://github.com/paparazzi/。

2.2.4 OpenPilot 与 Taulabs 飞控

OpenPilot 是由 OpenPilot 社区于 2009 年推出的自动驾驶仪项目，包括 OpenPilot 自驾仪与其相配套的软件，自驾仪的固件由 C 语言编写，而地面站则用 C++编写，并可以跨平台（如 Windows、Mac OS、Linux）运行。

OpenPilot 硬件架构简单，官方发布的飞控硬件包括 CC、CC3D、ATOM、Revolution、

Revolution nano 等，衍生硬件包括 Sparky、Quanton、RevoMini 等，还包含 STM32 开发板扩展的 FlyingF3、FlyingF4、DiscoveryF4 等。其中 CC3D 是 300mm 以下轴距穿越机和超小室内航模的首选飞控，穿越机 QAV250 就是使用 CC3D 作为默认飞控；DiscoveryF4 大量用于爱好者研究飞控；Quanton 成为 TauLabs 的首选硬件。

OpenPilot 社区主要提供两个版本飞控硬件平台：

① CC3D 飞控（图 2-3）采用 72MHz 的 STM32F1 作为主控，它和 MPU6000 组合就能够完成四旋翼、固定翼、直升机的姿态控制飞行，电路板尺寸只有 35mm×35mm。由于没有气压计，它不需要 GPS 融合或者磁场传感器参与修正，就能保持长时间的姿态控制。固件容量大约只有 100KB，通过设置可更改无人机类型、飞行模式，支持云台增稳等功能。地面站软件集成了完整的电子地图，可以通过电台实时监测无人机的状态。

图 2-3 CC3D 飞控

② OpenPilot Revolution Platform 使用 STM32F4 作为主控。

OpenPilot 还提供一个功能强大、支持跨平台（Windows、Mac OS、Linux）的地面站（包含上位机功能）。

TauLabs 飞控是 OpenPilot 飞控的衍生品。最流行的硬件是 Quanton，由原 OpenPilot 飞控小组成员独立研制完成。它扩展了气压高度计和三轴磁场传感器，将主控芯片升级为具有硬件浮点运算的 Cortex-M4 核心。它是最早支持自动调参功能的开源飞控，带有模型辨识算法，能够在飞行中进行自整定姿态 PID 控制参数设置。能够完成许多高级飞行模式，连接外置 GPS 后，可使多旋翼具备定高、定点、回家等功能。飞控集成了电子地图，界面友好，通过向导模式初始化。

OpenPilot 官网：www.openpilot.org；OpenPilot Wiki：https://wiki.openpilot.org。

2.2.5 KKMultiCopter（KK）飞控

KKMultiCopter（KK）飞控源于韩国的开源飞控，是第一种广为大众接受的多旋翼开源飞控，它使用 3 个价格低廉的单轴陀螺，配合一台简单的四通道遥控器，支持三轴、四轴、六轴、V22 等飞行模式，支持“十字”形、X 形、H 形和上下对置等布局。没有自稳，更不用定高、GPS 等高级功能。KK 官网：http://www.kkmulticopter.com/。

2.2.6 Autoquad 飞控

Autoquad 是来自德国的开源飞控，受限于当时的传感器，它采用了大量模拟 MEMS 传感器。模拟传感器不集成数模转换器（ADC）和运算核心，直接将微机械传感器的变化通过放大和硬件滤波后以电压的形式输出，需要主控进行 AD 采集。输出值会受温度影响，给参数校准造成麻烦。

ESC32 电调是第一个采用数字接口进行控制的产品，可以通过串口、I^2C 接口和 CAN 接口来控制电动机的转速，比传统的 PWM 速度快很多倍。常见的 PWM 电调波形更新速度为 400 次/s，而数字接口的更新速度可达到每秒百万次。对于动力变化非常敏感的多旋翼飞行器来说，高速通信是非常必要的。另外，它还支持转速闭环，并且能够针对电动机进行详细调参。

2.2.7 MultiWiiCopter（MWC）飞控

MWC 是 MultiWiiCopter 的缩写，法国的 Alex 为了打造自己的 Y3 飞行器（一个三轴飞行器），在开源硬件平台 Arduino 的基础上开发了最初的 MWC 固件，完整地保留了 Arduino IDE 开发、Arduino 设备升级和使用的方法。除支持常见的四、六、八旋翼以外，还支持三旋翼、阿凡达飞行器（bicopter avatar style）、Y4 型多旋翼（其中两轴为上下对置）等奇特机型。

图 2-4　MWC 的 Y3 飞行器

图 2-4 为 Alex 最早使用 MWC 的 Y3 飞行器。

根据使用的 Arduino 开发板的不同，MWC 飞控有两种版本：

① Atmega328P 版本，32KB 的 Flash，Atmel 公司 8 位 AVR 单片机内核；

② Atmega2560 版本，256KB 的 Flash，Atmel 公司 8 位 AVR 单片机内核。

MultiWii 官网：http://www.multiwii.com/。

MultiWii 官方在 Google Code 上的代码库：http://code.google.com/p/multiwii/。

MultiWii 官方在 GitHub 上的代码库：https://github.com/multiwii。

由于 MWC 采用 8 位单片机做主控芯片，性能低，有人把 MWC 飞控代码移植到 32 位处理器上（如 STM32），形成了 BaseFlight 飞控代码，后来在 BaseFlight 项目基础上产生了 Cleanflight 飞控项目。

2.2.8 Cleanflight 飞控

2014 年，穿越机飞控经历了 CC3D、Naze32、F3 飞控 3 个时期，它们的固件基本上都是使用 Cleanflight。Cleanflight 不是硬件平台，而是基于 MWC 的飞控代码，可以移植到不同的飞控硬件平台上，支持以下飞控硬件平台：AlienWii32、Naze32、CC3D、CJMCU、CheBuzzF3、Olimexino、Sparky、F3、Crazepony（硬件选型和 Naze32 完全一样）。这些飞控都是基于 STM32 的主控 MCU，内核为 32 位 ARM Contex-M。其中 CC3D 和 Naze32 飞控都可以刷 Cleanflight 的飞控，用于研究穿越机。

Cleanflight 飞控的特点：飞控代码基于 MWC，稳定、简洁；支持 32 位处理器，删除了支持 8 位处理器的冗余代码；加入了很多好玩的功能，例如支持 LED 灯带，支持 OLED，支持超声波传感器；使用了先进的代码开发管理，代码结构清晰，冗余性强，测试充分；支持多个硬件平台，例如 CC3D、Naze32、F3、Crazepony 等。

Cleanflight 调参上位机使用了 Chrome 浏览器 App 模式，名字叫做 Cleanflight GUI。图 2-5 是其参数调试界面。

图 2-5　Cleanflight GUI 参数调试界面

Cleanflight 官网：http://cleanflight. com/；Cleanflight 官方在 GitHub 上的代码库：https://github. com/cleanflight。

继 CC3D 之后，Naze32 飞控由日本团队开发出来，2015 年下半年在模友圈迅速流行，它是基于 STM32F101 主控 MCU，内核为 32 位 ARM Contex-M。现在市面上有很多基于 Naze32 的改版飞控。

Naze32 飞控的正面见图 2-6，Naze32 和 CC3D 最大的区别是，它有气压计 MS5611。

F3 飞控继 Naze32 飞控之后于 2016 年由 Seriously Pro 公司开发出来，全名为 SPRacing F3 飞控。它的主控 MCU 由原来的 STM32F101 升级到 STM32F303，所以命名为 F3 飞控，如图 2-7 所示。

F3 飞控官方网址：http://seriouslypro. com。

图 2-6　Naze32 飞控的正面

图 2-7　F3 飞控

2.3 无人机传感器

2.3.1 气压计 MS5611

MS5611 是由压阻传感器和传感器接口组成的集成电路，具有 SPI 和 I^2C 总线接口，分辨率可达 10cm。模块包括一个高线性度的压力传感器和一个超低功耗的 24 位模数转换器，提供了精确的 24 位数字压力值和温度值以及不同的操作模式，将测得的未得到补偿的模拟气压值经 ADC 转换成 24 位的数字值输出，同时也可以输出一个 24 位的数字温度值。

(1) 内部结构

MS5611 内部结构见图 2-8。

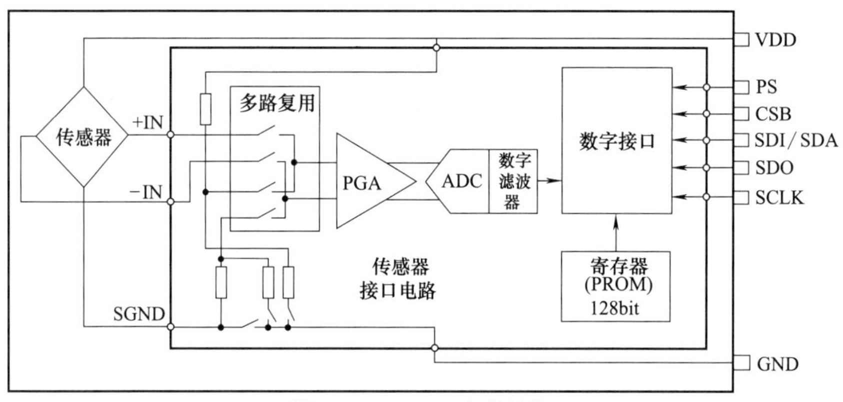

图 2-8 MS5611 内部结构

(2) 功能描述

单片机读取 128bit 存储器（PROM）（6 个系数）中的数据，并将 D1 和 D2 中的数值分别转换成气压值与温度值。

① 串行接口　调节 PS 引脚的电压可选择使用 I^2C 或 SPI 通信模式，见表 2-1。

表 2-1 PS 引脚电压选择方式

PS 引脚	通信模式	使用引脚
高电平	I^2C	SDA
低电平	SPI	SDI、SDO、CSB

② SPI 模式　在 SPI 模式下，单片机通过 SCLK 和 SDI 来传输数据。时钟极性和相位允许同时存在模式 0 和模式 3。SDO 为响应输出。CSB 用来控制芯片使能/禁用，在命令发送完毕或命令执行结束（例如结束的转换）时，CSB 将被拉高。

③ I^2C 模式　单片机通过 SCLK 和 SDA 来传输数据。传感器的响应在一根双向的 I^2C 总线接口 SDA 线上。在 I^2C 模式下补充引脚 CSB 代表了 LSB 的 I^2C 地址。在 I^2C 总线上可以使用两个传感器和两个不同的地址。CSB 应当连接到 VDD 或 GND 上。

(3) 指令

只有 5 个基本命令：复位（Reset）；读取存储器（128bit PROM）；D1 转换；D2 转换；读取 ADC 结果（24bit 气压/温度值）。

2.3.2　磁力计传感器 HMC5883

HMC5883 是一种表面贴装的带有数字接口的弱磁传感器，应用于低成本罗盘和磁场检测领域，如图 2-9 所示。包括高分辨率 HMC118X 系列磁阻传感器，并附带霍尼韦尔集成电路（包括放大器、自动消磁驱动器、偏差校准、12 位模数转换器、I^2C 总线接口），在 ±8GS 的磁场中实现 2mGS 的分辨率。除 Pixhawk 飞控以外，其他开源飞控如果配有磁罗盘的话，无一例外均使用 HMC5883。

(1) 各向异性磁阻传感器

传感器电路是三轴传感器并应用特殊辅助电路来测量磁场，可以将量测轴方向上的任何入射磁场转变成一种差分电压输出。磁阻传感器是将一个镍铁（坡莫合金）薄膜放置在硅片上，并构成一个桥式电阻元件。在磁场存在的情况下，桥式电阻元件的变化将引起跨电桥输出电压的相应变动。这些磁阻元件两两对齐，形成一个共同的敏感轴，随着磁场在敏感方向上不断增强，电压也就正向增长。由于输出只与沿着轴方向上的磁阻元件成比例，若将其他磁阻电桥也放置在正交方向上，就能精密测量其他方向的磁场强度。

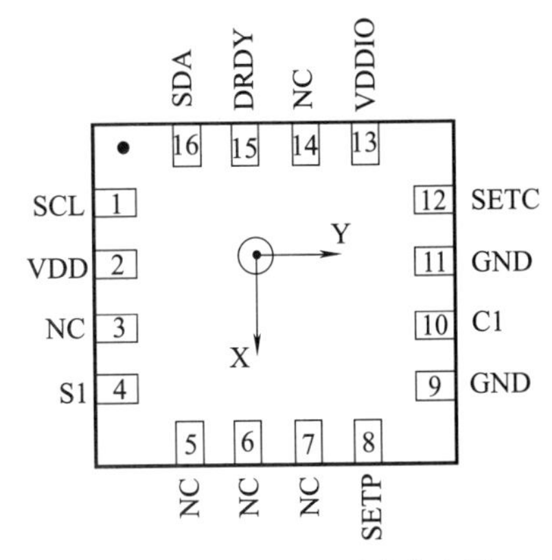

图 2-9　HMC5883 引脚分布图

(2) 操作模式

① 连续测量模式　在选定的速率下进行连续的测量，并将测量的数据更新至输出数据寄存器中。若有需要，可以从输出数据寄存器重新读取数据。然而，主机并不能确保在下次测量完成之前可以访问数据寄存器，这是因为数据寄存器上的旧的数据会被新的测量数据取代。为了保存两次测量之间的电流值，该装置被设置在一个类似闲置模式的状态，但模式寄存器没有改变成闲置模式。所有寄存器在连续测量模式下保留数值；I^2C 总线可被网络内的其他装置启用。

② 单次测量模式　在单次测量模式下，该装置进行单次测量，并将测量数据更新至输出数据寄存器中。在完成测量和输出数据寄存器的更新以后，通过设置 MD [n]，该装置被置于闲置模式，模式寄存器变更为闲置模式。配置寄存器的设置在单次测量模式下影响测量配置（MS [n]）。在单测量模式中所有寄存器保留数值；I^2C 总线可被网络内其他装置启用。

③ 闲置模式　在此模式下，装置可以通过 I^2C 总线访问，但主要电源能耗是禁用的，如 ADC、放大器、传感器偏置电流。在闲置模式下所有寄存器保留数值；I^2C 总线可被网络内其他装置启用。

2.3.3　陀螺仪和加速度计

(1) 陀螺仪

陀螺仪内部有一个陀螺，由于陀螺效应，陀螺仪的轴始终与初始方向平行，根据轴与初始方向的偏差可计算出旋转方向和角度。陀螺仪测量的是角度的导数（即角速度），将角速度对时间积分才能得到角度。

从理论上讲只用陀螺仪就能完成姿态导航任务。只需要对 3 个轴的陀螺仪的角速度进行积分，可得到3个方向上的旋转角度，这就是姿态数据，也就是快速融合。

但由于误差噪声等因素，对陀螺仪的角速度积分并不能够得到完全准确的姿态数据，尤其是运转一段时间以后，积分误差的累加会让计算姿态数据和实际值相差甚远。

影响陀螺仪精度的因素有以下几个。

① 零点漂移　假设陀螺仪固定不动，理想角速度值是0dps（degree per second），由于存在零点漂移，例如将一个偏置0.1dps加在上面，于是测量出来是0.1dps，积分1s之后，得到的角度是0.1°，1min之后是6°，1h之后是360°。由此可见，短时间内参考价值大。

② 白噪声　陀螺仪数据中也会带有白噪声，而且这种白噪声会随着积分而累加。

③ 温度/加速度影响　陀螺仪是一个对温度和加速度敏感的元器件。多轴飞行器中的电动机一般会带来较强烈的振动，一旦减震控制不好，就会在飞行过程中产生很大的加速度，必将带来陀螺输出的变化，引入误差。

④ 积分误差　对陀螺仪角速度的积分是离散的，因此长时间的积分会出现漂移的情况。

(2) 加速度计

加速度计的低频特性好，可以测量低速的静态加速度。在测量和分析重力加速度时，其他瞬间加速度可以忽略，这点对理解姿态解算与融合非常重要。

加速度计是通过比力来测量加速度的，当我们随意转动加速度计时，看到的是重力加速度在3个轴上的分量值。加速度计在自由落体状态时，其输出为0。

加速度计测量的仅仅是重力加速度，三轴加速度计输出的是重力加速度在加速度计所在机体坐标系3个轴上的分量大小。重力加速度的方向和大小是固定的。通过这种关系，可以得到加速度计所在平面与地面的角度关系。

加速度计若是绕着重力加速度的轴转动，其测量值不会改变，也就是说加速度计无法感知这种水平旋转。

2.3.4 MPU6050加速度计的编程应用

(1) MPU6050基本结构

MPU6050内部整合了三轴陀螺仪和三轴加速度计（图2-10），还有一个可扩展的数字运动处理器DMP（Digital Motion Processor），通过I^2C接口连接一个第三方的数字传感器磁力计，DMP引擎可以直接向应用端输出完整的九轴融合演算数据、一个绝对的方向姿态（即能够输出一个带东、西、南、北的姿态数据包）。通过I^2C接口也可以连接非惯性的数字传感器（如压力传感器）。

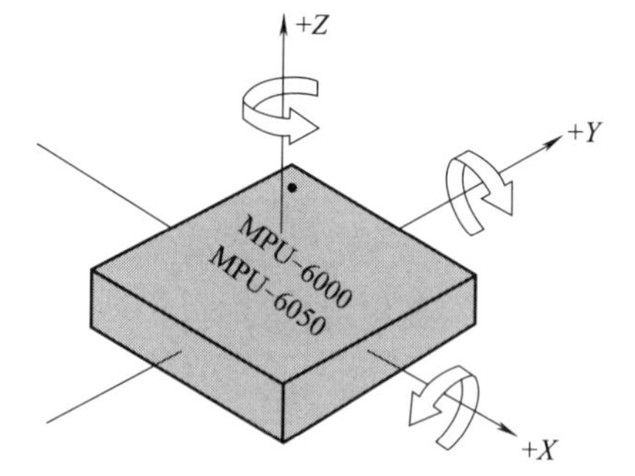

图2-10　MPU6050检测轴方向

DMP利用InvenSense公司提供的运动处理资料库，非常方便地实现姿态解算，降低了运动处理运算对操作系统的负荷，同时大大降低了开发难度。

陀螺仪和加速度计分别输出三个方向的16位ADC信号，为了精确跟踪快速和慢速的运动，测量范围可通过编程设置，陀螺仪的测量范围为±250°/s（dps）、±500°/s（dps）、±1000°/s（dps）、±2000°/s（dps），加速度计的测量范围为±2g、±4g、±8g、±16g。片上1024B（Byte）的FIFO用于降低系统功耗。陀螺仪和加速度计与所有设备寄存器的通信通过 400kHz 的 I^2C 接口实现。MPU6050 内嵌了一个温度传感器和在工作环境下仅有±1%波动的振荡器。

MPU6050、HMC5883、MS5611 传感器之间的连接如图 2-11 所示。

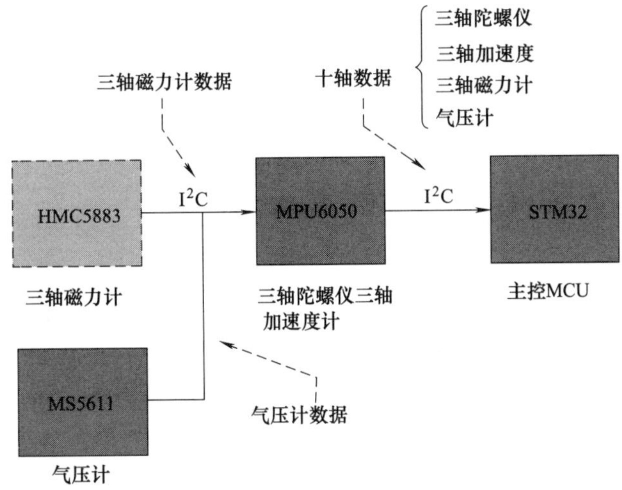

图 2-11　MPU6050、HMC5883、MS5611 传感器连接

(2) DMP 硬件解算

软件解算四元数，然后通过四元数解算姿态角，如图 2-12 所示。

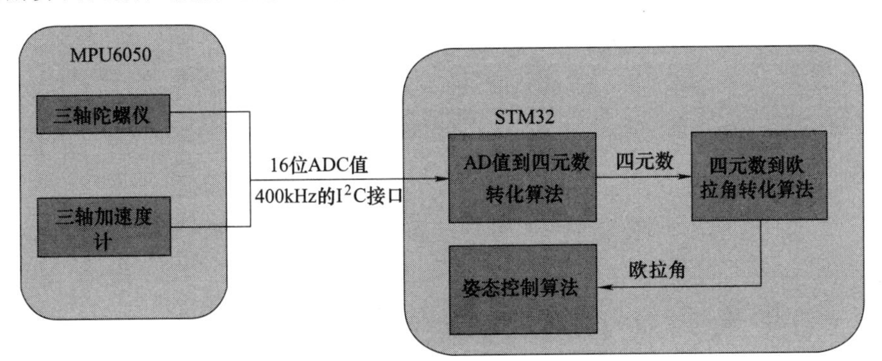

图 2-12　MPU6050 AD 读取

硬件解算四元数，此时 STM32 从 I^2C 总线上读到的数据不再是 AD 值，而是通过初始化对 DMP 引擎的配置，这些数据直接就是四元数的值，从而跳过了用程序先计算 AD 值再计算四元数这个看起来烦琐的步骤。这样得出的偏航角（Yaw）更稳定，如图 2-13 所示。

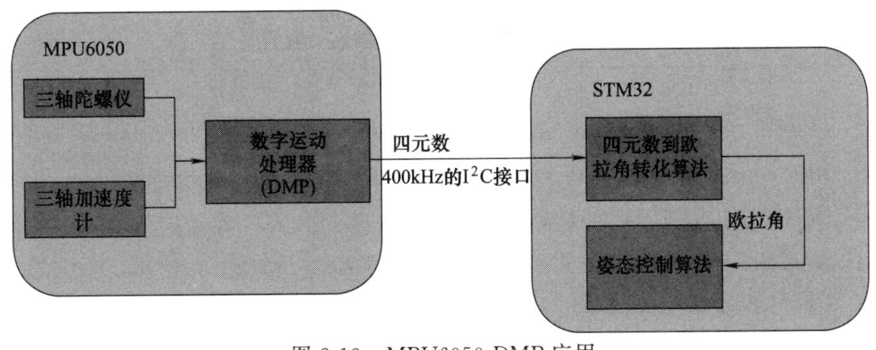

图 2-13　MPU6050 DMP 应用

(3) MPU6050 编程

主控 MCU 通过 SCL 和 SDA 的 I^2C 接口连接 MPU6050，辅助 I^2C 接口 AUX_CL 和 AUX_DA 连接外部从设备，例如磁传感器，这样就可以组成一个九轴传感器。VLOGIC 是 I/O 口电压，最低可以到 1.8V，一般接 VDD。AD0 是从 I^2C 接口地址控制引脚，控制 I^2C 地址的最低位。如果接 GND，则 MPU6050 的 I^2C 地址是 0X68；如果接 VDD，则是 0X69。

1）MPU6050 重要寄存器介绍。

① 电源管理寄存器 1。该寄存器地址为 0X6B，各位描述如表 2-2 所示。

表 2-2 电源管理寄存器 1 各位描述

寄存器（16 进制）	寄存器（10 进制）	位 7	位 6	位 5	位 4	位 3	位 2	位 1	位 0
6B	107	DEVICE_RESET	SLEEP	CYCLE	—	TEMP_DIS	CLKSEL[2:0]		

DEVICE_RESET 用来控制复位，设置为 1，复位 MPU6050，复位结束后，MPU 硬件自动清零该位。SLEEP 用于控制 MPU6050 的工作模式，复位后，该位为 1，即进入了睡眠模式（低功耗），所以要清零该位，以进入正常工作模式。TEMP_DIS 用于设置是否使能温度传感器，如设置为 0，则使能。CLKSEL［2：0］用于选择系统时钟源，其选择关系如表 2-3 所示。

表 2-3 CLKSEL 选择关系

CLKSEL[2:0]	时钟源
000	内部 8MHz RC 晶振
001	PLL，使用 *X* 轴陀螺作为参考
010	PLL，使用 *Y* 轴陀螺作为参考
011	PLL，使用 *Z* 轴陀螺作为参考
100	PLL，使用外部 32.768kHz 作为参考
101	PLL，使用外部 19.2MHz 作为参考
110	保留
111	关闭时钟，保持时序产生电路复位状态

默认设置为 000，即使用内部 8MHz RC 晶振，这种设置精度不高。一般选择 *X*/*Y*/*Z* 轴陀螺作为参考的 PLL 时钟源，常用设置是 CLKSEL=001/010/011。

② 陀螺仪配置寄存器。该寄存器地址为 0X1B，各位描述如表 2-4 所示。

表 2-4 陀螺仪配置寄存器各位描述

寄存器（16 进制）	寄存器（10 进制）	位 7	位 6	位 5	位 4	位 3	位 2	位 1	位 0
1B	27	XG_ST	YG_ST	ZG_ST	FS_SEL[1:0]		—	—	—

FS_SEL［1：0］用于设置陀螺仪的满量程范围：0，±250°/s；1，±500°/s；2，±1000°/s；3，±2000°/s；一般设置为 3，即±2000°/s。因为陀螺仪的 ADC 为 16 位分辨率，所以计算得到的灵敏度为 65536÷4000=16.4LSB/(°/s)。

③ 加速度传感器配置寄存器。该寄存器地址为 0X1C，各位描述如表 2-5 所示。

表 2-5　加速度传感器配置寄存器各位描述

寄存器（16 进制）	寄存器（10 进制）	位 7	位 6	位 5	位 4	位 3	位 2	位 1	位 0
1C	28	XA_ST	YA_ST	ZA_ST	AFS_SEL[1:0]		—		

AFS_SEL [1：0] 用于设置加速度传感器的满量程范围：0，$\pm 2g$；1，$\pm 4g$；2，$\pm 8g$；3，$\pm 16g$；一般设置为 0，即$\pm 2g$。因为加速度传感器的 ADC 也是 16 位，所以计算得到的灵敏度为 65536÷4＝16384LSB/g。

④ FIFO 使能寄存器。该寄存器地址为 0X1C，各位描述如表 2-6 所示。

表 2-6　FIFO 使能寄存器各位描述

寄存器（16 进制）	寄存器（10 进制）	位 7	位 6	位 5	位 4	位 3	位 2	位 1	位 0
23	35	TEMP_FIFO_EN	XG_FIFO_EN	YG_FIFO_EN	ZG_FIFO_EN	ACCEL_FIFO_EN	SLV2_FIFO_EN	SLV1_FIFO_EN	SLV0_FIFO_EN

该寄存器用于控制 FIFO 使能，在简单读取传感器数据时，可以不用 FIFO，设置对应位为 0。如设置为 1，则使能 FIFO。加速度传感器的 3 个轴，全由 1 个位（ACCEL_FIFO_EN）控制，只要将该位置 1，加速度传感器的 3 个通道就都开启 FIFO。

⑤ 陀螺仪采样率分频寄存器。该寄存器地址为 0X19，各位描述如表 2-7 所示。

表 2-7　陀螺仪采样率分频寄存器各位描述

寄存器（16 进制）	寄存器（10 进制）	位 7	位 6	位 5	位 4	位 3	位 2	位 1	位 0
19	25	SMPLRT_DIV[7:0]							

该寄存器用于设置 MPU6050 的陀螺仪采样频率，计算公式为

$$采样频率=陀螺仪输出频率/(1+SMPLRT\_DIV) \tag{2-1}$$

这里陀螺仪的输出频率是 1kHz 或者 8kHz，它与数字低通滤波器（DLPF）的设置有关，当 DLPF_CFG＝0/7 时，频率为 8kHz，其他情况则是 1kHz。此外，DLPF 的滤波频率一般设置为采样频率的一半。假定设置采样频率为 50Hz，那么 SMPLRT_DIV＝1000÷50－1＝19。

⑥ 配置寄存器。该寄存器地址为 0X1A，各位描述如表 2-8 所示。

表 2-8　配置寄存器各位描述

寄存器（16 进制）	寄存器（10 进制）	位 7	位 6	位 5	位 4	位 3	位 2	位 1	位 0
1A	26	—	—	EXT_SYNC_SET[2:0]			DLPF_CFG[2:0]		

重点是数字低通滤波器（DLPF）的设置位 DLPF_CFG [2：0]，加速度计和陀螺仪都是根据这 3 个位的配置进行过滤的。DLPF_CFG 不同配置对应的过滤情况如表 2-9 所示。

表 2-9　DLPF_CFG 配置

DLPF_CFG[2:0]	加速度传感器 f_s＝1kHz		角速度传感器(陀螺仪)		
	带宽/Hz	延迟/ms	带宽/Hz	延迟/ms	f_s/kHz
000	260	0	256	0.98	8

续表

DLPF_CFG[2:0]	加速度传感器 f_s=1kHz		角速度传感器(陀螺仪)		
	带宽/Hz	延迟/ms	带宽/Hz	延迟/ms	f_s/kHz
001	184	2.0	188	1.9	1
010	94	3.0	98	2.8	1
011	44	4.9	42	4.8	1
100	21	8.5	20	8.3	1
101	10	13.8	10	13.4	1
110	5	19.0	5	18.6	1
111	保留		保留		8

加速度传感器的输出频率（f_s）固定在 1kHz，而角速度传感器的输出频率（f_s）根据 DLPF_CFG 的配置有所不同。一般设置角速度传感器的带宽为其采样率的一半，如果设置采样率为 50Hz，那么带宽就应该设置为 25Hz，取近似值 20Hz，因此查表 2-9，设置 DLPF_CFG=100。

⑦ 电源管理寄存器 2。该寄存器地址为 0X6C，各位描述如表 2-10 所示。

表 2-10 电源管理寄存器 2 各位描述

寄存器（16 进制）	寄存器（10 进制）	位 7	位 6	位 5	位 4	位 3	位 2	位 1	位 0
6C	108	LP_WAKE_CTRL[1:0]		STBY_XA	STBY_YA	STBY_ZA	STBY_XG	STBY_YG	STBY_ZG

该寄存器的 LP_WAKE_CTRL 用于控制低功耗时的唤醒频率，一般不用。剩下的 6 位，分别控制加速度计和陀螺仪的 $X/Y/Z$ 轴是否进入待机模式，如全部都不进入待机模式，则全部设置为 0。

⑧ 陀螺仪数据输出寄存器。它总共由 6 个寄存器组成，地址为 0X43～0X48。读取这 6 个寄存器，就可以得到陀螺仪 $X/Y/Z$ 轴的值。例如 X 轴的数据，可以通过读取 0X43（高 8 位）和 0X44（低 8 位）寄存器得到，其他轴以此类推。

⑨ 加速度传感器数据输出寄存器也有 6 个寄存器，地址为 0X3B～0X40。读取这 6 个寄存器，就可以得到加速度传感器 $X/Y/Z$ 轴的值。例如 X 轴的数据，可以通过读取 0X3B（高 8 位）和 0X3C（低 8 位）寄存器得到，其他轴以此类推。

⑩ 温度传感器，可以通过读取 0X41（高 8 位）和 0X42（低 8 位）寄存器得到，温度换算公式为

$$\text{Temperature}=36.53+\text{regval}/340 \tag{2-2}$$

式中，Temperature 为计算得到的温度值，℃；regval 为从 0X41 和 0X42 寄存器读到的温度传感器值。

2）读取 MPU6050 加速度传感器和角速度传感器数据步骤如下。

① 初始化 I^2C 接口　MPU6050 采用 I^2C 与 MCU 通信，所以需要先初始化与 MPU6050 连接的 SDA 和 SCL 数据线。

② 复位 MPU6050　要想让 MPU6050 内部所有寄存器恢复默认值，通过对电源管理寄存器 1（0X6B）的 bit7 置 1 实现。复位后，电源管理寄存器 1 恢复默认值（0X40），然后必

须设置该寄存器为0X00，以唤醒MPU6050，进入正常工作状态。

③ 设置角速度传感器（陀螺仪）和加速度传感器的满量程范围　设置两个传感器的满量程范围（FSR），分别通过陀螺仪配置寄存器（0X1B）和加速度传感器配置寄存器（0X1C）设置。一般设置陀螺仪的满量程范围为±2000dps，加速度传感器的满量程范围为±2g。

④ 设置其他参数　除以上参数外，还需要配置的参数有关闭中断、关闭AUX I^2C接口、禁止FIFO、设置陀螺仪采样率和设置数字低通滤波器（DLPF）等。不用中断方式读取数据，可以关闭中断，不用AUX I^2C接口外接其他传感器，关闭该接口。关闭中断和关闭接口分别通过中断使能寄存器（0X38）和用户控制寄存器（0X6A）控制。MPU6050可以使用FIFO存储传感器数据，不用时关闭所有FIFO通道，通过FIFO使能寄存器（0X23）控制，默认都是000（即禁止FIFO）。陀螺仪采样率通过采样率分频寄存器（0X19）控制，采样率一般设置为50。数字低通滤波器（DLPF）则通过配置寄存器（0X1A）设置，一般设置DLPF为带宽的1/2。

⑤ 配置系统时钟源并使能角速度传感器和加速度传感器　电源管理寄存器1（0X1B）的最低三位用于设置系统时钟源，默认值是0（内部8MB RC振荡器），一般设置为1，选择X轴陀螺PLL作为时钟源，以获得更高精度的时钟。电源管理寄存器2（0X6C）用于设置使能角速度传感器和加速度传感器，设置对应位为0即可。

至此，MPU6050初始化完成，可以进行正常工作（其他未设置的寄存器全部采用默认值），接下来，我们就可以读取相关寄存器，得到加速度传感器、角速度传感器和温度传感器的数据。

2.4 无人机飞控姿态控制算法

开源飞控架构不同，控制软件也大相径庭。但是飞控都离不开捷联惯导系统、卡尔曼滤波算法和PID控制算法这三大算法。

多旋翼的姿态解算算法通常采用自适应显示互补滤波算法、扩展卡尔曼滤波算法、梯度下降算法等，利用陀螺仪的动态稳定性来估计实时姿态，由于陀螺仪随时间积分累计漂移误差的固有缺陷，需找一个不随时间变化的传感器来估计姿态并进行修正标定。低频处理器采用互补滤波算法与梯度下降算法，高速处理器采用扩展卡尔曼滤波算法。

PX4飞控采用改进的互补滤波算法。在原有加速度计校准陀螺仪的基础上，增加磁力计和GPS数据实现进一步的四元数校准补偿，是PX4中默认的姿态解算算法。

2.4.1 捷联惯导系统

如果想控制无人机按照给定路线运动，必须实时获取无人机的姿态、速度和位置参数。光电码盘可用来测量无人机的转动角度，测速电动机可用来测量无人机的角速度，测速计可用来测量无人机的速度，但是以上三种测量仪器单独使用时，均不能测量无人机的线运动和角运动，例如，不能用测速计同时测量速度和角速度，而惯导系统可以做到这一点。利用载体上的加速度计、陀螺仪这两种惯性元件，分别测出无人机相对于惯性空间的角运动信息和线运动信息，并在给定初始条件下，推算出无人机的姿态、航向、速度、位置等导航参数的自主式导航方法。惯性导航系统不需要物理参照，所以它被称为DOF（Degree of Freedom,

自由度）系统，组成惯性导航系统的设备都安装在运载体内，工作时不依赖外界信息，也不向外界辐射能量，不易受到干扰，是一种自主式导航系统。

捷联惯导系统通过对测得的加速度进行二次积分得到位置坐标。它无稳定平台，加速度计和陀螺仪直接安装在载体上，实时计算姿态矩阵（姿态更新解算算法），即计算出载体坐标系与导航坐标系之间的关系，从而把载体坐标系的加速度计信息转换为导航坐标系下的信息，然后进行导航计算，具有可靠性高、功能强、重量轻、成本低、精度高以及使用灵活等优点。

姿态更新解算算法是捷联惯导的关键算法，传统的姿态更新算法有欧拉角法、方向余弦法和四元数法，其中四元数法算法简单、计算量小，在实际工程中经常采用。

2.4.2 卡尔曼（Kalman）滤波算法

信号在传输与检测过程中不可避免地会受到来自外界的干扰与设备内部噪声的影响，为获取准确的信号，就要对信号进行滤波。所谓滤波，就是指从混合在一起的诸多信号中提取出有用信号的过程。

卡尔曼滤波算法有助于测量。因为存在随机干扰，无法准确得到测量结果，而在干扰为高斯分布的情况下，得到的测量均方误差最小，也就是测量值扰动最小，测量值曲线看起来最平滑。

例如，以小兔子的体重作为研究对象。每周做一次观察，有两个办法可以知道兔子的体重，一个是拿体重计来称，称量误差可能很大，或者兔子太调皮，兔子的晃动也会产生很大误差。另一个途径是根据书本资料，根据兔子的年龄，估计小兔子应该会有多重。我们把称得的重量叫观察值，用资料估计出来的叫估计值，无论是观察值还是估计值显然都是有误差的，并且假定误差是呈高斯分布。按照书本上估计兔子是 3 公斤，称出来却是 2.5 公斤，如何计算兔子的真实重量？可以采用加权平均法，把称得的结果（观察值）和按照书本经验估算的结果（估计值）分别加一个权值，再做平均。两个权值加起来应该等于一。如果你有七分相信称的体重，那么就只有三分相信书上的估计值。如何决定这个权值？根据以往的表现来做决定，以前表现好，就相信你多一点，权值也就给得高一点；以前表现不好，就相信你少一点，权值自然给得低一点。表现好就是测量结果稳定，方差很小；表现不好就是估计值或观察值不稳定，方差很大。称兔子，第一次 1 公斤、第二次 10 公斤、第三次 5 公斤，你会相信你的秤吗？但是如果第一次 3 公斤、第二次 3.2 公斤、第三次 2.8 公斤，自然就相信它多一点，给它一个大的权值了。

通过逐渐调整观察值和估计值，渐渐得到准确的测量值，整个算法是递归的，需要多次重复调整。调整的过程就是把实测值（称得的体重）和估计值（书上得来的体重）比较一下，如果估计值比测量值小，就把估计值加上它们之间的偏差（乘上加权系数修正）作为新的估计值。

例如观察值是 Z，估计值是 X，那么新的估计值就应该是 $X_{new}=X+K(Z-X)$，从这个公式可以看到，如果 X 估计小了，那么新的估计值会加上一个量 $K(Z-X)$；如果估计值大了，大过 Z 了，那么新的估计值就会减去一个量 $K(Z-X)$，这就保证新的估计值一定比现在的准确，一次一次递归下去就会越来越准确，K 值是卡尔曼增益。$X_{new}=X+K(Z-X)=X(1-K)+KZ$，估计值 X 的权值是 $1-K$，而观察值 Z 的权值是 K。

Kalman 滤波算法是 1960 年提出的从与被提取信号有关的观测量中通过算法估计所需

信号的一种滤波算法，创新地将状态空间的概念引入随机估计理论中，将信号过程看作是具有白噪声影响的线性系统输入和输出过程，在估计过程中利用系统的多种方程构成滤波算法。此外，卡尔曼（Kalman）滤波的输入和输出是由时间更新和观测更新算法联系在一起的，根据系统状态方程和观测方程估计出所需处理的信号。

因为惯性导航系统的“纯惯性”传感器不足以达到所需的导航精度，为了补偿导航系统的不足，常常使用其他导航设备来提高导航精度，以减小导航误差。利用卡尔曼（Kalman）滤波算法，可以将来自惯性导航系统与其他导航装置的数据（如惯性导航系统计算的位置对照 GPS 接收机给出的位置信息）加以混合利用，估计和校正未知的惯性导航系统误差。

2.4.3 PID 控制算法

(1) PID 控制算法介绍

目前主流的几款开源飞控中，都是采用 PID 控制算法来实现无人机的姿态和轨迹控制的。PID 控制器是一种线性控制器，它主要根据给定值和实际输出值构成控制偏差，然后利用偏差给出合理的控制量。

四轴飞行器的螺旋桨与空气发生相对运动，产生了向上的升力，当升力大于四轴飞行器的重力时，四轴飞行器就可以起飞。如果 4 个电动机转向相同，四轴会发生旋转。控制四轴的电动机 1 和电动机 3 同向（逆时针旋转），电动机 2 和电动机 4 反向（顺时针旋转），当正反扭矩刚好抵消时，就会巧妙地实现了平衡，如图 2-14 所示。

实际上由于电动机和螺旋桨本身制造的差异，无法做到 4 个电动机转速完全相同，很有可能飞行器在起飞之后不久就会发生侧翻，如图 2-15 所示。

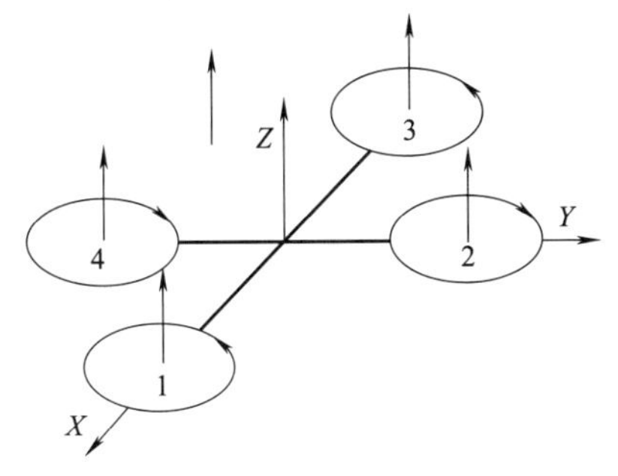

图 2-14 四轴飞行器螺旋桨旋转方向

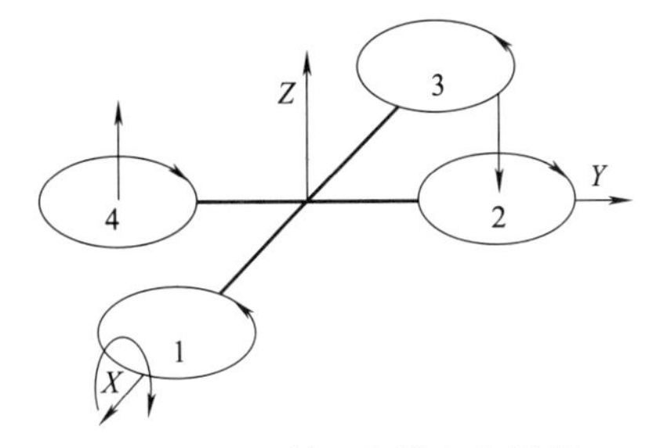

图 2-15 四轴飞行器向右侧翻

由于电动机的不平衡，当在人眼的观察下发现飞行器向右侧翻时，可以控制右侧电动机 1、电动机 2 提高转速、增加升力，飞行器将重新归于平衡。由于飞行器是一个动态系统，接下来会一直重复观察→大脑计算→控制→观察→大脑计算→控制这个过程，如图 2-16 所示。

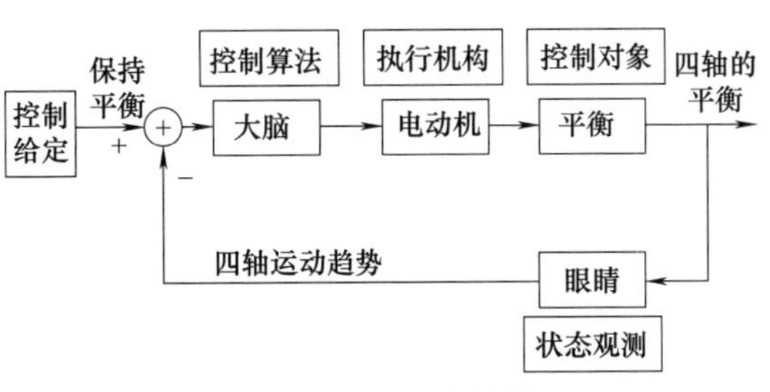

图 2-16 飞行器稳定控制过程

实际上这是不可能的，人无法长时间精确地同时控制 4 个电动机。因此需要一个自动反馈控制系统替代人的操作来完成飞行器的自稳定，人只需要控制飞行器的方向和高度就可以了。这个反馈控制系统中，眼睛由姿态传感器替代，而大脑则由单片机替代。这就是 PID 控制系统。

在没有控制系统的情况下，直接用信号驱动电动机带动螺旋桨旋转产生控制力，会出现动态响应太快或太慢，或者控制过冲或不足等现象，飞行器根本无法顺利完成起飞和悬停动作。因此需要在控制系统回路中加入 PID 控制算法，在姿态信息和螺旋桨转速之间建立比例、积分和微分的关系，通过调节各个环节的参数大小，使系统控制动态响应迅速，既不过冲，也不欠缺。

(2) PID 控制理论

PID 控制器由偏差的比例（P，proportional）、积分（I，integral）和微分（D，derivative）来对被控对象进行控制，如图 2-17 所示。

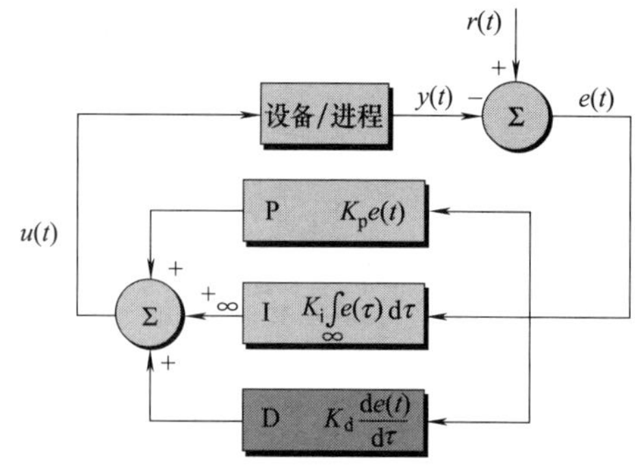

图 2-17 PID 控制系统

对于一个自动反馈控制系统来说，需要注意以下基本指标。

稳定性（P 和 I 降低系统稳定性，D 提高系统稳定性）：在平衡状态下，系统受到某个干扰后，经过一段时间，其被控量可以达到某一稳定状态。

准确性（P 和 I 提高稳态精度，D 无作用）：系统处于稳态时，其稳态误差（steady-state errors）越小，系统的精度就越高。

快速性（P 和 D 提高响应速度，I 降低响应速度）：系统对动态响应的要求，一般由过渡时间的长短来衡量。

① 比例（P）控制　在比例（P）控制下，控制器的输出与输入误差信号成比例关系。当仅有比例控制时，系统输出存在稳态误差。比例项输出：

$$P_{out} = K_p e(t) \tag{2-3}$$

② 积分（I）控制　控制器的输出与输入误差信号的积分成正比关系。由于只有比例控制时，系统存在稳态误差，为了消除稳态误差，在控制器中引入“积分项”。积分项是误差对时间的积分，随着时间的增加，积分项会增大。即便误差很小，积分项也会随着时间的增加而加大，它推动控制器的输出增大使稳态误差进一步减小，直到等于零。因此，比例积分（PI）控制器可以使系统在进入稳态后无稳态误差。积分项输出：

$$I_{out} = K_i \int_0^t e(\tau)\mathrm{d}\tau \tag{2-4}$$

③ 微分（D）控制　控制器的输出与输入误差信号的微分成正比关系。微分调节就是偏差值的变化率，使用微分调节能够实现系统的超前控制。如果输入偏差值呈线性变化，则在调节器输出侧叠加一个恒定的调节量。大部分控制系统不需要调节微分时间，因为只有时间滞后的系统才需要附加这个参数。微分项输出：

$$D_{out} = K_d \frac{\mathrm{d}}{\mathrm{d}t} e(t) \tag{2-5}$$

综上所述得到一条公式，这就是 PID 控制数学表达式：

$$u(t) = MV(t) = K_p e(t) + K_i \int_0^t e(\tau)\mathrm{d}\tau + K_d \frac{\mathrm{d}}{\mathrm{d}t} e(t) \tag{2-6}$$

(3) 四轴 PID 控制——角度单环

Crazepony5.0 以前版本使用的是单环增量式 PID 控制，图 2-18 是角度单环 PID 控制框图。其中，期望角度就是遥控器控制飞行器的角度值；反馈/当前角度就是传感器测得的飞行器角度，这里的角度指的是 Roll/Pitch/Yaw 三个角度，在 PID 控制计算的时候，它们是相互独立的。

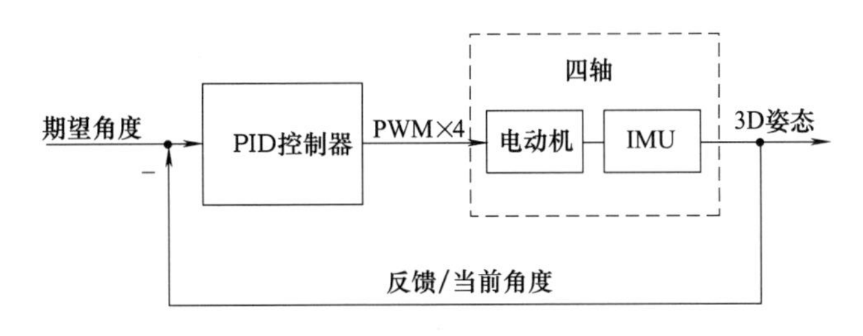

图 2-18　角度单环 PID 控制框图

下面以 Roll 方向角度控制为例进行说明。

测得 Roll 轴向偏差：

偏差＝目标期望角度－传感器实测角度

DIF_ANGLE. X＝EXP_ANGLE. X－Q_ANGLE. Roll;　(2-7)

比例项的计算：

比例项输出＝比例系数 P×偏差

Proportion ＝PID_Motor. P * DIF_ANGLE. X;　(2-8)

微分项计算：

由于陀螺仪测得的是 Roll 轴向旋转角速度，角速度积分就是角度，那么角度微分就是角速度，所以微分量刚好是陀螺仪测得的值。

微分项输出＝微分系数 D×角速度

DifferentialCoefficient＝PID_Motor. D * DMP_DATA. GYROx;　(2-9)

整合结果总输出为

Roll 方向总控制量＝比例项输出＋微分项输出　(2-10)

Roll 和 Pitch 轴按照以上公式计算 PID 输出，但 Yaw 轴比较特殊，因为偏航角法线方向刚好和地球重力平行，这个方向的角度无法由加速度计直接测得，需要增加一个电子罗盘来替代加速度计。如果不使用罗盘的话，可以单纯地通过角速度积分来测得偏航角，其缺点是由于积分环节中存在积分漂移，偏航角随着时间的推移，其偏差会越来越大，就会出现航向角漂移的问题如图 2-19 所示。如果不使用罗盘，就没有比例项，仅使用微分环节来控制。

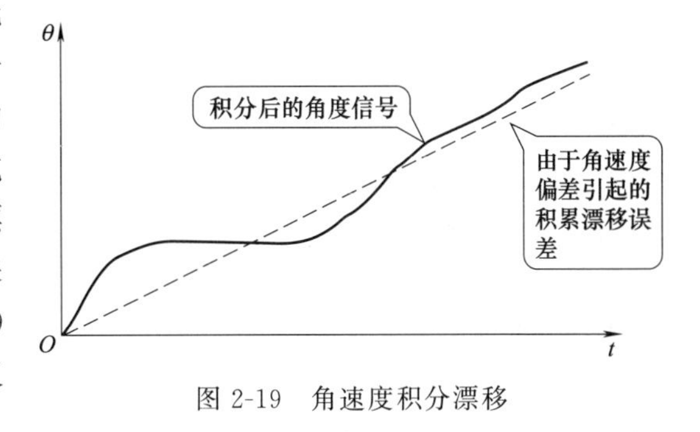

图 2-19　角速度积分漂移

Yaw 轴输出：

微分项输出＝微分系数 D×角速度　(2-11)

Yaw 方向控制量＝PID_YAW. D * DMP_DATA. GYROz;　(2-12)

(4) 四轴 PID 控制-角度/角速度-串级

角度单环 PID 控制算法仅仅考虑了飞行器的角度信息，如果想增加飞行器的稳定性（增加阻尼）并提高控制品质，可以进一步控制角速度，于是角度/角速度-串级 PID 控制算法应运而生。它增强了系统的抗干扰性、稳定性，而且两个控制器会比一个控制器控制的变量更多，飞行器的适应能力也会更强。串级 PID 控制原理框图如图 2-20 所示。

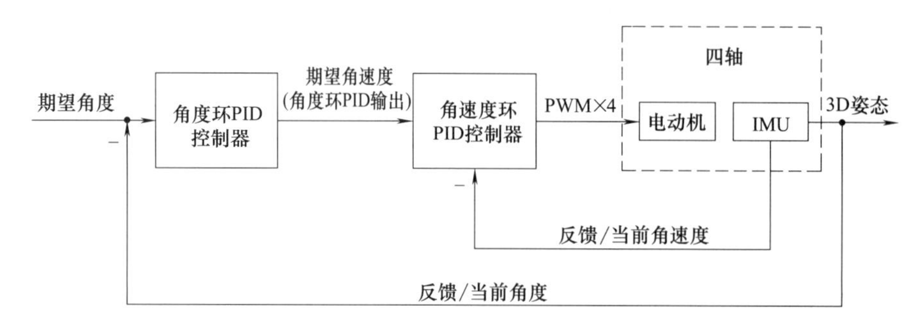

图 2-20 角度/角速度-串级 PID 控制原理框图

Crazepony5.1 及以后版本，就是采用角度/角速度-串级 PID 控制，可参考 Control.c 文件中的 CtrlAttiAng（void）函数和 CtrlAttiRate（void）函数进行设置。

整定角度/角速度-串级 PID 的原则是先整定内环 P、I、D，再整定外环 P。

内环 P：当 P 值从小到大，拉动四轴飞行器越来越困难，越来越感觉到四轴飞行器在抵抗拉动力；当 P 值增大到比较大的数值时，四轴飞行器自己会高频振动，肉眼可见，此时拉扯它，它会快速地振荡几下，过几秒后稳定；继续增大 P 值，不用加人为干扰，飞行器自己发散翻机。特别注意：在只有内环 P 的时候，四轴飞行器会缓慢地往一个方向下掉，这属于正常现象。这就是系统角速度静差。

内环 I：从前述 PID 原理可以看出，积分只是用来消除静差，因此积分项系数没有必要弄得很大，因为这样做会降低系统的稳定性。I 值从小到大到一定值时，四轴飞行器会定在一个位置不动，不再往下掉；继续增加 I 的值，四轴飞行器会不稳定，拉扯一下，它会自己发散。特别注意：增加 I 的值，四轴飞行器的定角度能力很强，拉动它比较困难，像是在钉钉子一样，但是一旦有强干扰，它就会发散。这是由于积分项太大，拉动一下积分速度快，给的补偿非常大，因此很难拉动，给人一种很稳定的错觉。

内环 D：这里的微分项 D 为标准的 PID 原理下的微分项，即“本次误差－上次误差”。在角速度环中的微分就是角加速度，原本四轴飞行器的振动就比较强烈，引起陀螺值变化较大，此时做微分就更容易引入噪声。因此一般可以适当做一些滑动滤波或者 IIR 滤波。P 值从小到大，飞行器的性能开始没有多大改变，只是回中的时候更加平稳；继续增加 D 的值，可以肉眼看到四轴飞行器在平衡位置高频振动（或者听到电动机发出“滋滋”的声音）。D 项属于辅助性项，因此如果机架的振动较大，D 项可以忽略不加。

外环 P：当内环 P、I、D 全部整定完成后，四轴飞行器已经可以稳定在某一位置不动了。此时外环 P 从小到大，可以明显看到四轴飞行器从倾斜位置慢慢回中，用手拉扯它然后放手，它会慢速回中，达到平衡位置；继续增加 P 的值，用遥控器给定不同的角度，可以看到飞行器跟踪的速度和响应越来越快；继续增加 P 的值，四轴飞行器变得十分敏感，机动性能越来越强，有发散的趋势。

(5) 电动机的输出整合

油门控制 Thro 是电动机输出的基准值，增大油门可使四轴飞行器升高，减小油门则四轴飞行器下降。最后整合前面通过 PID 算得的 Roll/Pitch/Yaw 三轴输出量控制电动机。电动机控制输出在 Control. c 文件的函数 CtrlMotor（）中实现，如图 2-21 所示。

```
//函数名：CtrlMotor()
//输入：无
//输出：4个电机的PWM输出
//描述：输出PWM，控制电机，本函数会被主循环中100Hz循环调用
void CtrlMotor(void)
{
    float  cosTilt = imu.accb[2] / ONE_G;

    if(altCtrlMode==MANUAL)
    {
        DIF_ACC.Z =  imu.accb[2] - ONE_G;
        Thro = RC_DATA.THROTTLE;
        cosTilt=imu.DCMgb[2][2];
        Thro=Thro/cosTilt;
    } else {
        Thro=(-thrustZSp) * 1000;// /imu.DCMgb[2][2];  //倾角补偿后效果不错，有时过猛
        if(Thro>1000)
            Thro=1000;
    }

    //将输出值融合到四个电机
    Motor[2] = (int16_t)(Thro - Pitch - Roll - Yaw );    //M3
    Motor[0] = (int16_t)(Thro + Pitch + Roll - Yaw );    //M1
    Motor[3] = (int16_t)(Thro - Pitch + Roll + Yaw );    //M4
    Motor[1] = (int16_t)(Thro + Pitch - Roll + Yaw );    //M2

    if((FLY_ENABLE!=0))
        MotorPwmFlash(Motor[0],Motor[1],Motor[2],Motor[3]);
    else
        MotorPwmFlash(0,0,0,0);
}
```

```
Build Output
Program Size: Code=61506 RO-data=2094 RW-data=1000 ZI-data=4856
FromELF: creating hex file...
".\Output\Crazepony.axf" - 0 Error(s), 3 Warning(s).
Build Time Elapsed:  00:00:08
```

图 2-21 电动机控制输出程序

如图 2-22 所示，Crazepony 左下角为 M1 机臂，在代码中对应电动机为 Motor［0］，然后逆时针依次为 M2、M3、M4 对应（Motor［1］、Motor［2］、Motor［3］）机臂。如果四轴飞行器绕 Roll 轴向右倾斜 5°，那么电动机 1（Motor1）与电动机 2（Motor2）应该增大升力，电动机 3（Motor3）与电动机 0（Motor0）减小升力，才能恢复平衡状态，所以有以下规则。

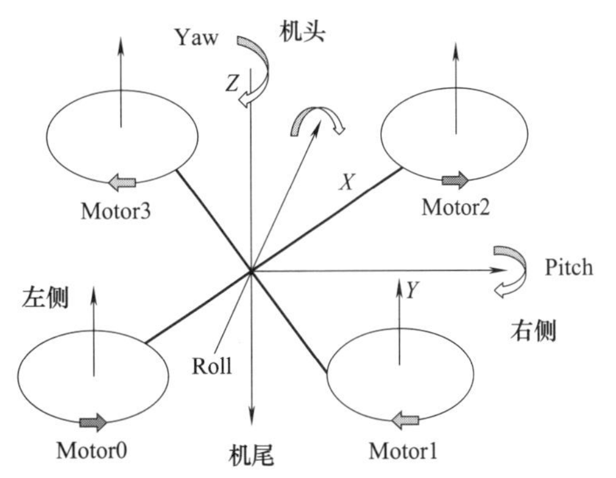

图 2-22 Roll 方向旋转电动机输出

Roll 方向旋转（*X* 轴方向观察顺时针方向）：水平方向绕 *X* 轴左右运动，即横滚运动，可以通过同时调节电动机 1、电动机 2 与电动机 0、电动机 3 的转速差实现，当飞行器按图 2-22 中 Roll 方向旋转（左侧高、右侧低），则说明电动机 1 与电动机 2 转速降低，同时电动机 0 与电动机 3 转速增加；为了恢复平衡状态，则电动机 1 与电动机 2 转速增加，电动机 0 与电动机 3 转速降低，所以电动机 1 与电动机 2 减小 Roll 方向旋转，Motor［1］与 Motor［2］中的 Roll 为－；电动机 0 与电动机 3 增加 Roll 方向旋转，Motor［0］与 Motor［3］中的 Roll 为＋，如图 2-23 所示。

Pitch 方向旋转（Y 轴方向观察逆时针方向）：水平方向绕 Y 轴前后运动，即俯仰运动，可以通过同时调节电动机 0、电动机 1 与电动机 2、电动机 3 的转速差实现，当飞行器按图 2-23 中 Pitch 方向旋转（机头低、机尾高），则说明电动机 2 与电动机 3 转速减小，同时电动机 0 与电动机 1 转速增大；为了恢复平衡状态，则电动机 0 与电动机 1 转速减小，电动机 2 与电动机 3 转速增大，所以电动机 2 与电动机 3 减小 Pitch 方向旋转，Motor [2] 与 Motor [3] 中的 Pitch 为－，电动机 0 与电动机 1 增加 Pitch 方向旋转，Motor [0] 与 Motor [1] 中的 Pitch 为＋。

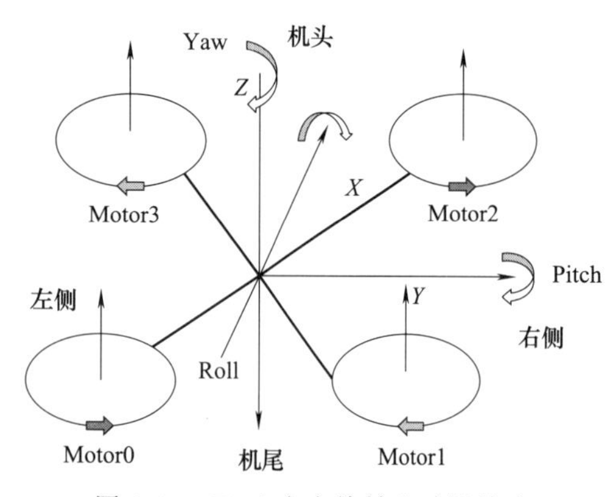

图 2-23　Pitch 方向旋转电动机输出

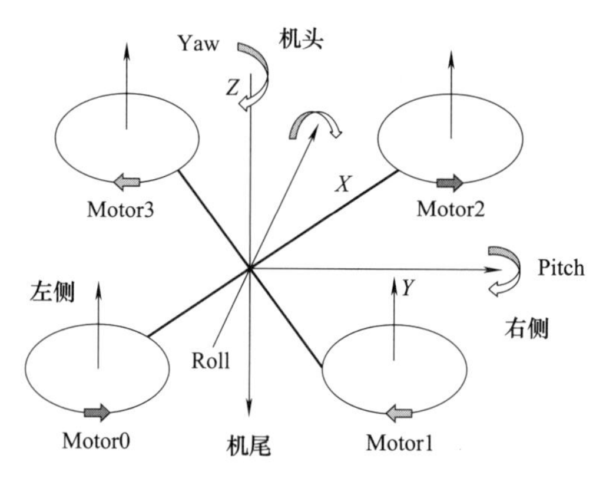

图 2-24　Yaw 方向旋转电动机输出

Yaw 方向旋转（Z 轴方向观察顺时针方向）：水平方向转动，即偏航运动，如图 2-24 中 Yaw 方向旋转所示，当增大电动机 0 与电动机 2 的转速，减小电动机 1 与电动机 3 的转速，根据作用力与反作用力的关系以及反扭力矩的知识，四轴飞行器在顺时针方向受到的反扭力矩大于逆时针方向的反扭力矩，飞行器顺时针旋转；为了恢复平衡状态，则电动机 0 与电动机 2 转速减小，电动机 1 与电动机 3 转速增大，所以电动机 0 与电动机 2 减小 Yaw 方向旋转，Motor [0] 和 Motor [2] 中的 Yaw 为－，电动机 1 与电动机 3 增大 Yaw 方向旋转，Motor [1] 和 Motor [3] 中的 Yaw 为＋。

本章小结

1. 飞行控制器的基本概念，开源飞控的发展。

2. 飞控的种类：Arduino 飞控；3D Robotics 飞控；Paparazzi（PPZ）飞控；OpenPilot 与 Taulabs 飞控；KKMultiCopter 飞控；Autoquad 飞控；MultiWiiCopter（MWC）飞控；Cleanflight 飞控。

3. 无人机传感器：气压计 MS5611；磁力计传感器 HMC5883；陀螺仪和加速度计。

4. 影响陀螺仪精度因素：零点漂移；白噪声；温度/加速度；积分误差。

5. MPU6050 应用。

(1) MPU6050 基本结构。

(2) DMP 硬件解算。

(3) MPU6050 编程。

(4) MPU6050 重要寄存器介绍。

① 电源管理寄存器 1，该寄存器地址为 0X6B。

② 陀螺仪配置寄存器，该寄存器地址为0X1B。
③ 加速度传感器配置寄存器，该寄存器地址为0X1C。
④ FIFO使能寄存器，该寄存器地址为0X1C。
⑤ 陀螺仪采样率分频寄存器，该寄存器地址为0X19。
⑥ 配置寄存器，该寄存器地址为0X1A。
⑦ 电源管理寄存器2，该寄存器地址为0X6C。
⑧ 陀螺仪数据输出寄存器，总共由6个寄存器组成。
⑨ 加速度传感器数据输出寄存器。
⑩ 温度传感器。
(5) 读取MPU6050加速度和角度传感器数据步骤。
① 初始化I^2C接口。
② 复位MPU6050。
③ 设置角速度传感器（陀螺仪）和加速度传感器的满量程范围。
④ 设置其他参数。
⑤ 配置系统时钟源并使能角速度传感器和加速度传感器。
6. 无人机飞控姿态控制。
(1) 捷联惯导系统。
(2) 卡尔曼（Kalman）滤波算法。
(3) PID控制算法。
① PID控制算法介绍。
② PID控制理论。
③ 四轴PID控制——角度单环。
④ 四轴PID控制——角度/角速度-串级。
⑤ 电动机的输出整合。

习题

1. 目前多轴飞行器飞控市场上的KK飞控具有的优点是________。
A. 功能强大，可以实现全自主飞行
B. 价格便宜，硬件结构简单
C. 配有地面站软件，代码开源
2. 目前多轴飞行器飞控市场上的APM飞控特点是________。
A. 可以应用于各种特种飞行器
B. 基于Android开发
C. 配有地面站软件，代码开源
3. 微小型无人机导航系统中姿态测量最常用的传感器是________。
A. GPS　　B. 陀螺仪　　C. 微型摄像头　　D. 气压计
4. 多轴飞行器飞控使用MPU6050加速度计，包括________。
A. 1个角速度陀螺　　B. 3个角速度陀螺　　C. 6个角速度陀螺
5. PID控制器由________组成。

A. 比例控制器、积分控制器和微分控制器　　B. 比例控制器和积分控制器
C. 微分控制器和积分控制器　　D. 微分控制器

6. 无人机飞行员操纵升降舵时，飞机将绕________。
A. 横轴的俯仰运动　　B. 纵轴的滚转运动　　C. 立轴的偏转运动

7. 无人机飞行员操纵副翼时，飞机将绕________。
A. 横轴的俯仰运动　　B. 纵轴的滚转运动　　C. 立轴的偏转运动

8. 悬停状态的四轴飞行器如何实现向左移动________。
A. 纵轴右侧的螺旋桨减速，纵轴左侧的螺旋桨加速
B. 纵轴右侧的螺旋桨加速，纵轴左侧的螺旋桨减速
C. 横轴前侧的螺旋桨加速，横轴后侧的螺旋桨减速

9. X字形模式四轴飞行器从悬停转换到前进，哪两个轴需要加速________。
A. 后方两轴　　B. 左侧两轴　　C. 右侧两轴

10. 绕多轴飞行器立轴的是________运动。
A. 滚转运动　　B. 俯仰运动　　C. 偏航运动

第3章 模拟飞行软件

【内容提要】 本章首先介绍了无人机模拟飞行软件及安装的过程；并对模拟飞行软件使用过程中的设置进行了基本分类和介绍；然后又对遥控器、遥控器操纵杆的基本作用、模式的分类及通道的配置做了详细介绍；最后介绍了使用遥控器操控无人机飞行中的主要手法标准。

学习完本章内容，可以在模拟飞行软件中首次体验无人机操控，无人机的模拟飞行需要模拟器和模拟飞行软件配合。尝试使用旋翼机、固定翼、直升机、穿越机、特技机、室内花式表演等机型，并在头脑里形成初步的操控意识，体验无人机飞行的感觉。

3.1 模拟飞行软件的安装

模拟飞行软件有很多种，不同的软件对应不同的模拟器。我们这里选用凤凰 PhoenixRC 5.5 中文版模拟飞行软件为例介绍其安装过程。

凤凰 PhoenixRC 5.5 中文版是一键安装，自带系统修复功能，安装过程中会修补操作系统，添加 DX9 组件的功能，省去了安装插件的过程并避免了出现系统组件有丢失无法安装的现象。该版本的无人机模型种类齐全，可以供无人机飞行练习者选择旋翼无人机、固定翼无人机、无人直升机等不同种类的飞行模型，还可以根据自己情况选择不同的干扰因素和不同通道进行练习训练。

一般采用两种模拟器。一种是直接带有 USB 接口的模拟器（如 SM2000 模拟器），这种模拟器只能连接计算机而无法通过对频遥控实体的飞行器，价格也相对便宜，如图 3-1 所示。

图 3-1　SM2000 模拟器

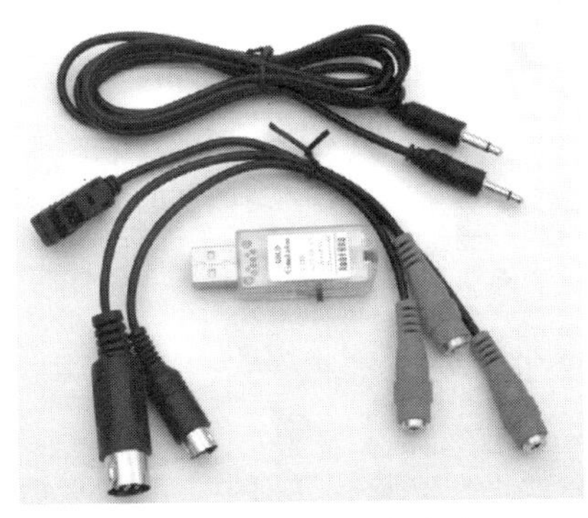

图 3-2　转接线和加密狗

另一种模拟器则是既可以遥控实体的飞行器，也能通过转接线连接计算机对模拟器进行控制。常见的有乐迪、天地飞、Futaba 等，这种模拟器本身没有 USB 接口，可通过一根转接线和加密狗来连接计算机实现操控，如图 3-2 所示。

下面介绍 PhoenixRC 5.5 中文版模拟飞行软件的具体安装过程。

首先下载安装软件文件夹，双击打开文件夹，双击文件夹中安装图标，进入“选择语言”界面，如图 3-3 所示。

“选择语言”界面单击“确定”按钮，进入“安装向导”开始界面，在该界面中，提示我们需要注意安装路径中不能使用中文名称的文件夹，如图 3-4 所示。

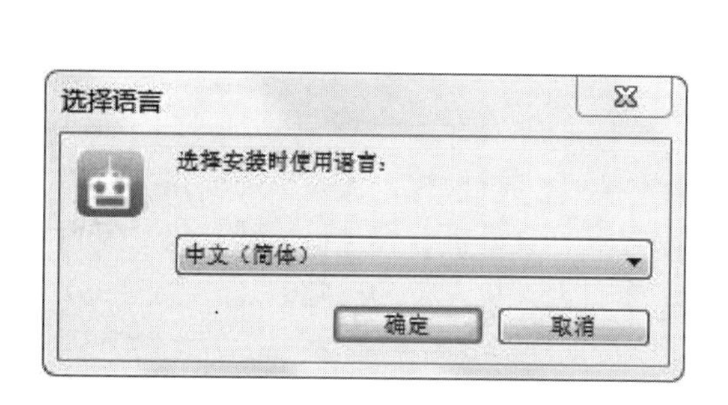

图 3-3 “选择语言”界面

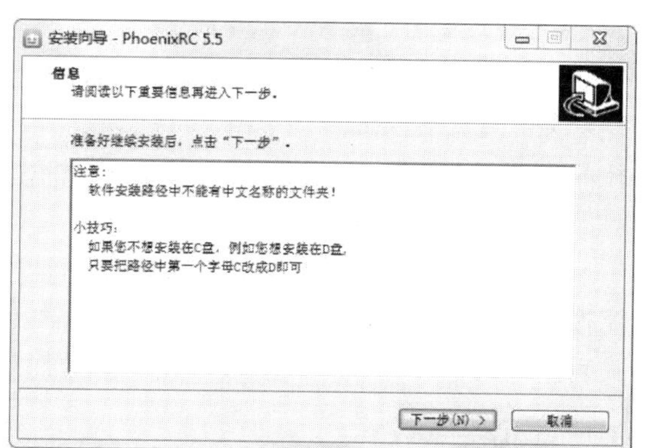

图 3-4 “安装向导”开始界面

在“安装向导”开始界面中单击“下一步”按钮，进入“选择安装位置”界面。在该界面中我们可以根据自己实际情况选择不同的安装路径，也可以选择系统盘以外的路径进行安装，如图 3-5 所示。

单击“选择安装位置”界面中的“下一步”按钮，进入“安装准备完毕”界面，如图 3-6 所示。

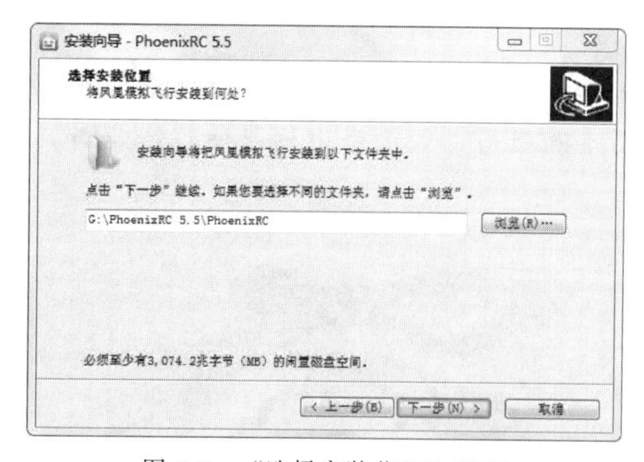

图 3-5 “选择安装位置”界面

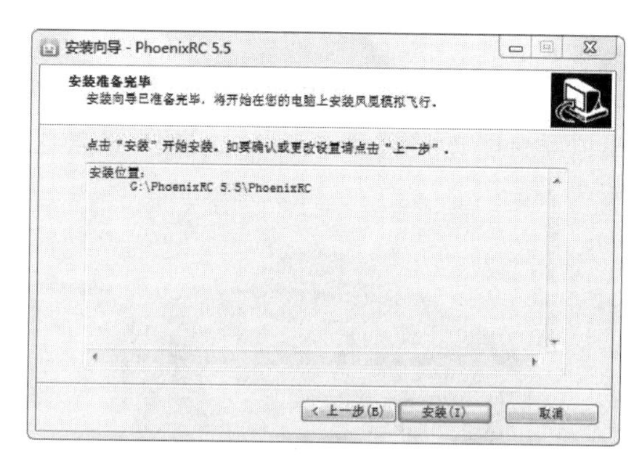

图 3-6 “安装准备完毕”界面

单击“安装准备完毕”界面中“安装”按钮，进入“正在安装”界面，如图 3-7 所示。

在“正在安装”界面中，我们只需等待安装进度完成即可，安装完成后提示“凤凰模拟飞行安装完成”，如图 3-8 所示。

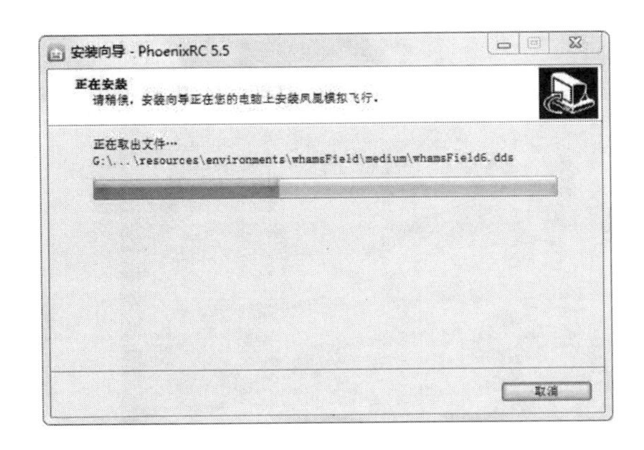

图 3-7 “正在安装”界面

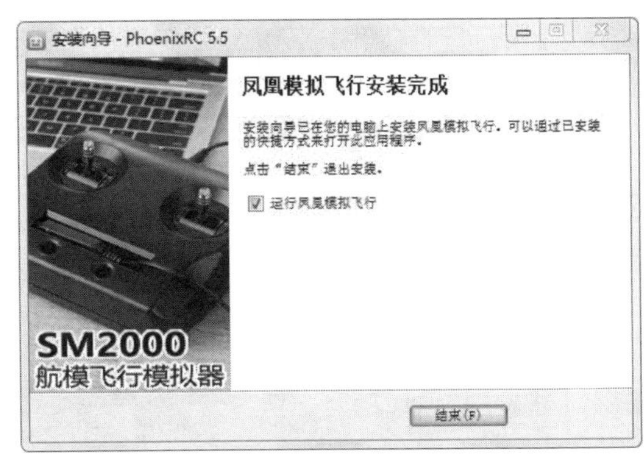

图 3-8 “安装结束”界面

单击“安装结束”界面中“结束”按钮，安装完成后单击桌面的快捷方式图标，即可打开凤凰模拟飞行软件。

3.2 模拟飞行软件的设置

双击凤凰模拟飞行软件快捷方式图标，进入“模拟飞行软件”界面，如图 3-9 所示。

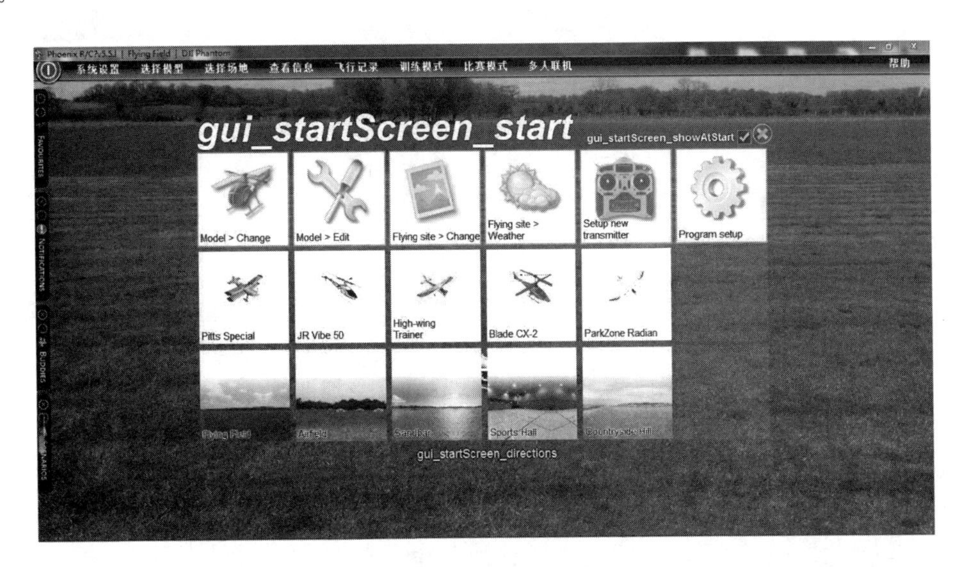

图 3-9 “模拟飞行软件”界面

进入“模拟飞行软件”界面后，单击关闭中间部分界面的“关闭”按钮即可。进入软件的正常的可视界面，如图 3-10 所示。

在进入“软件可视”界面后，在遥控器正常连接计算机的前提下，首先需要对遥控器进行配置，以便能够正常操作模拟飞行软件，单击最上方工具栏中的“系统设置”标签，然后选择“设置新遥控器”选项，即可弹出“设置新遥控器”界面，如图 3-11 所示。

图 3-10 “软件可视”界面

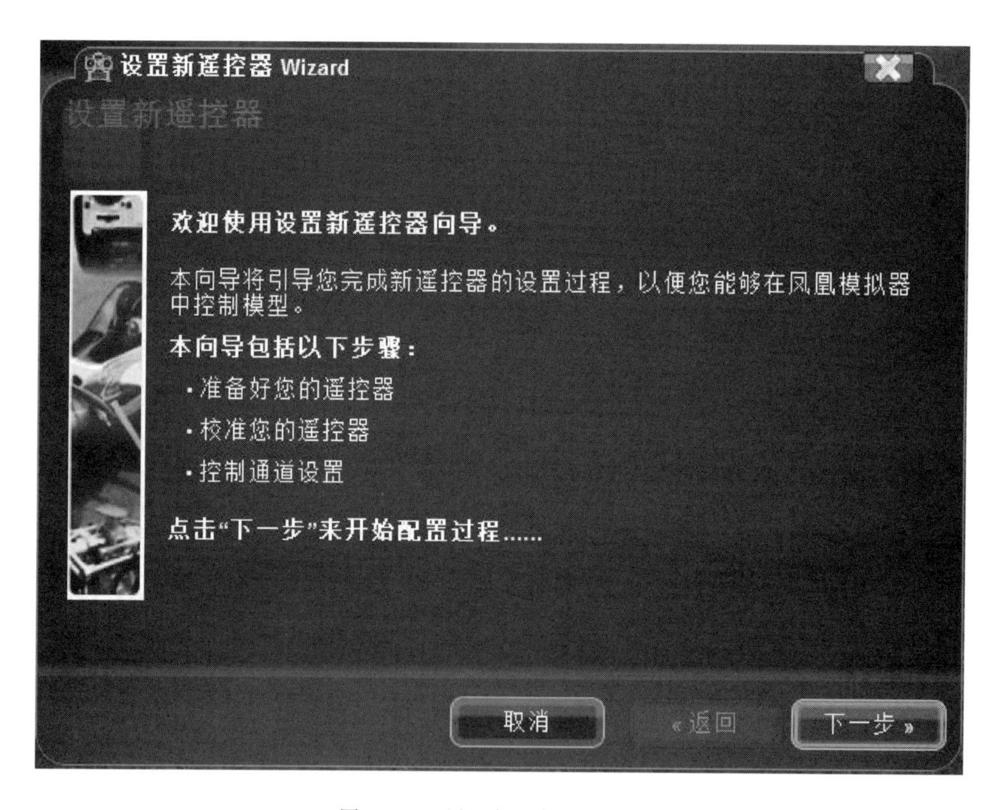

图 3-11 “设置新遥控器”界面

在“设置新遥控器”界面中无需任何操作，单击“设置新遥控器”界面中的“下一步”按钮即可，进入“准备好您的遥控器”界面，如图 3-12 所示。

在“准备好您的遥控器”界面中无需任何操作，单击该界面中的“下一步”按钮，进入“校准您的遥控器”界面，如图 3-13 所示。

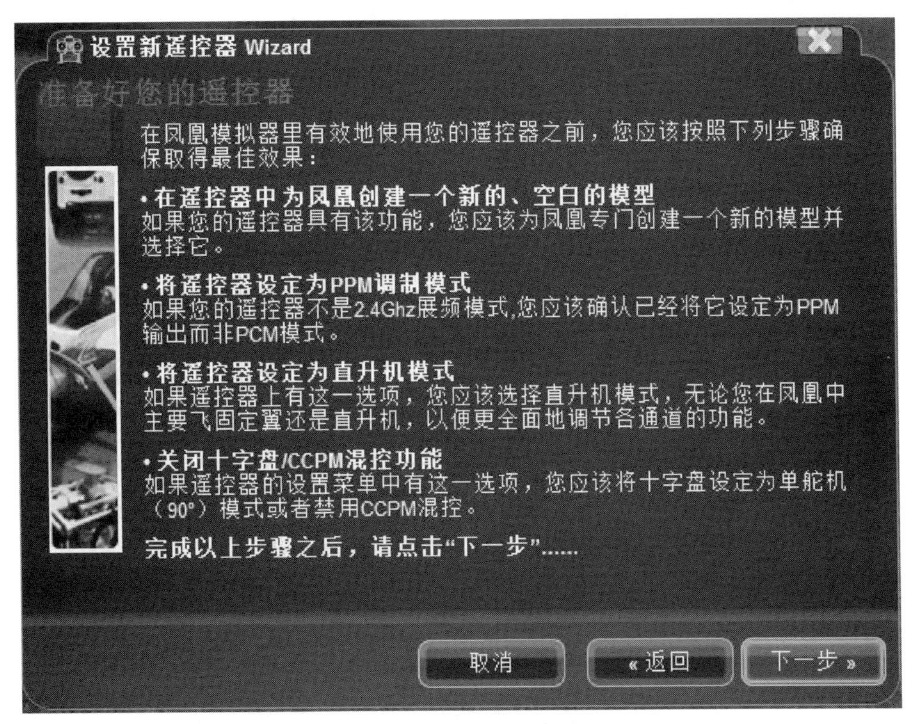

图 3-12　“准备好您的遥控器”界面

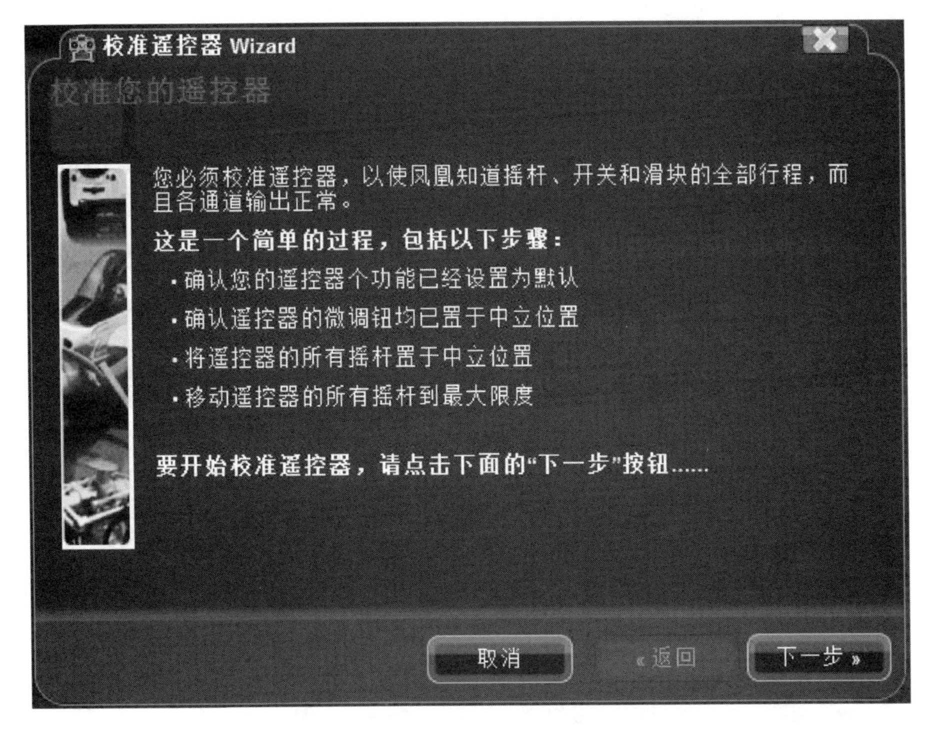

图 3-13　“校准您的遥控器”界面 1

在“校准您的遥控器”界面无需任何操作，单击“下一步”按钮即可，进入下一个“校准您的遥控器”界面，如图 3-14 所示。

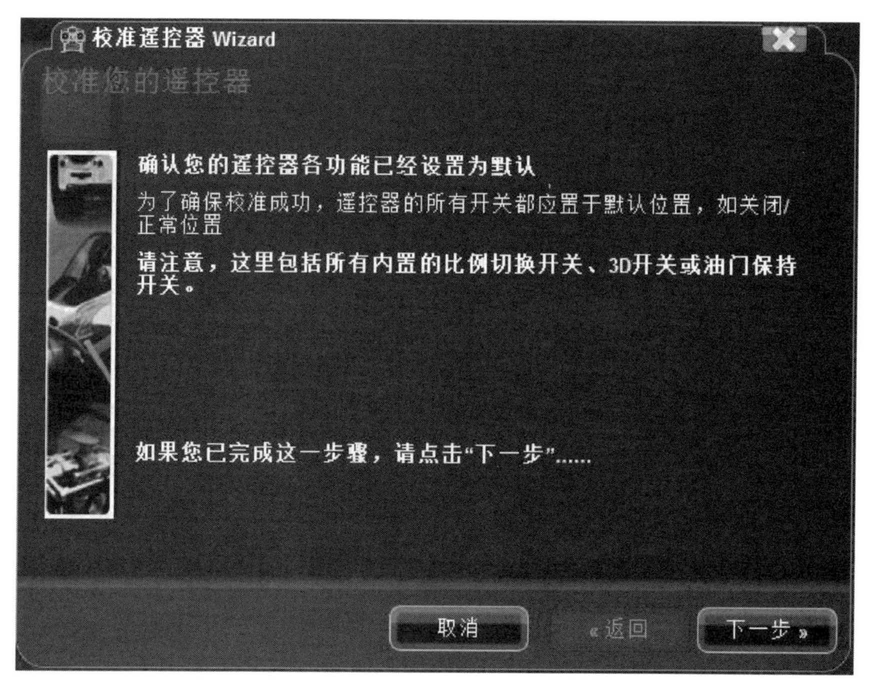

图 3-14 “校准您的遥控器”界面 2

在“校准您的遥控器”界面无需任何操作，单击“下一步”按钮即可，进入“将所有摇杆置于中立位置”界面，如图 3-15 所示。

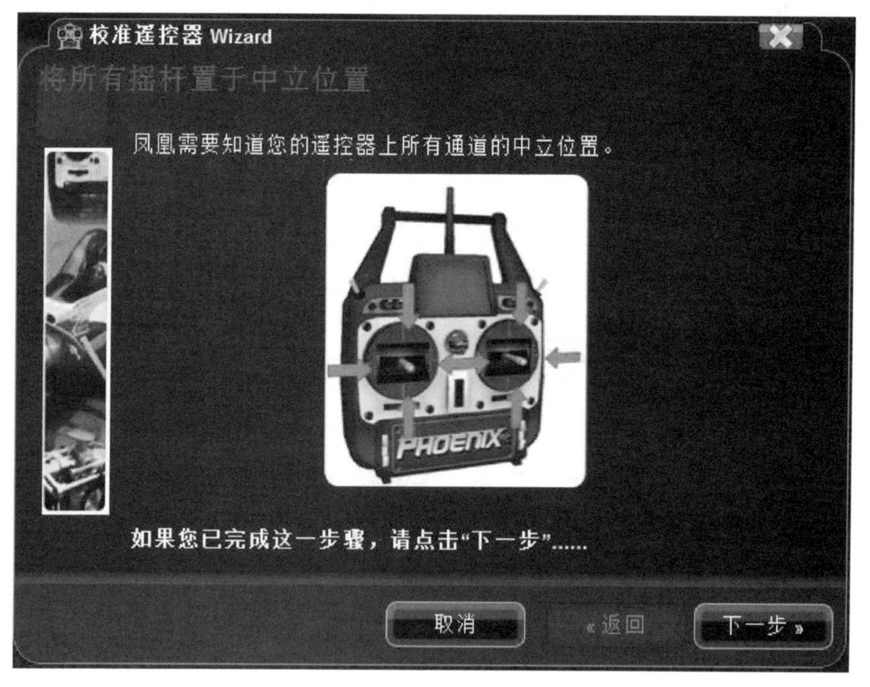

图 3-15 “将所有摇杆置于中立位置”界面

在“将所有摇杆置于中立位置”界面中，需要保证遥控器的两个摇杆按照如图 3-15 所示置于中立位置，然后单击“下一步”按钮，进入“移动所有摇杆到最大限度”界面，如图

3-16 所示。

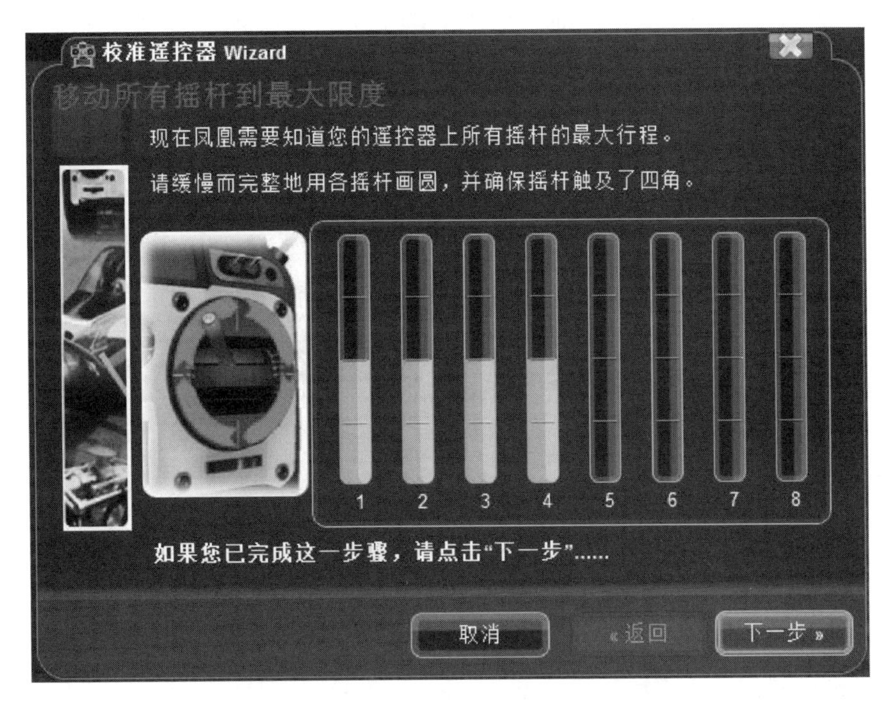

图 3-16 “移动所有摇杆到最大限度”界面

在“移动所有摇杆到最大限度”界面中，需要完成对两个摇杆进行完整的摇杆画圆，并确保摇杆触及了四角，然后单击“下一步”按钮，进入“移动所有开关到最大位置”界面，如图 3-17 所示。

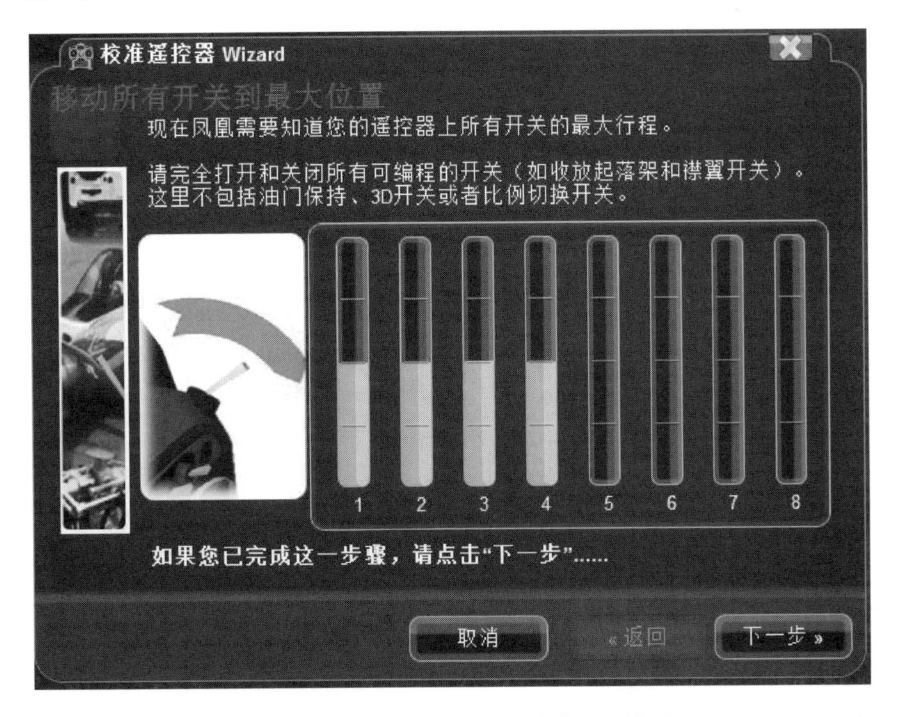

图 3-17 “移动所有开关到最大位置”界面

在“移动所有开关到最大位置”界面中，需要完全打开和关闭所有可编程的开关（如收放起落架和襟翼开关），这里不包括油门保持、3D开关或者比例切换开关，然后单击“下一步”按钮，进入“检查校准效果”界面，如图3-18所示。

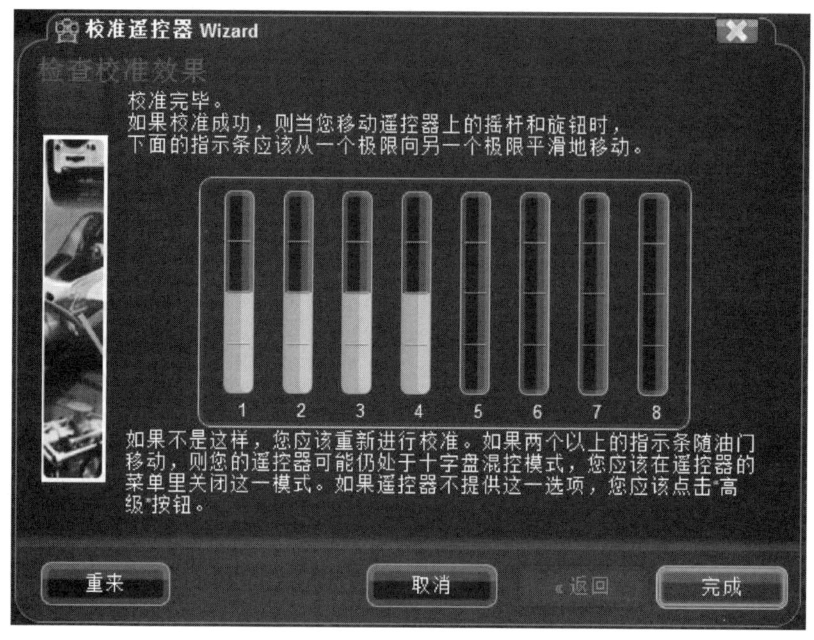

图3-18 “检查校准效果”界面

在“检查校准效果”界面中，可以查看校准完成后的效果，如果校准成功，则当移动遥控器上的摇杆和旋钮时，下面的指示条应该从一个极限向另一个极限平滑地移动，然后单击“完成”按钮，进入“控制通道设置”界面，如图3-19所示。

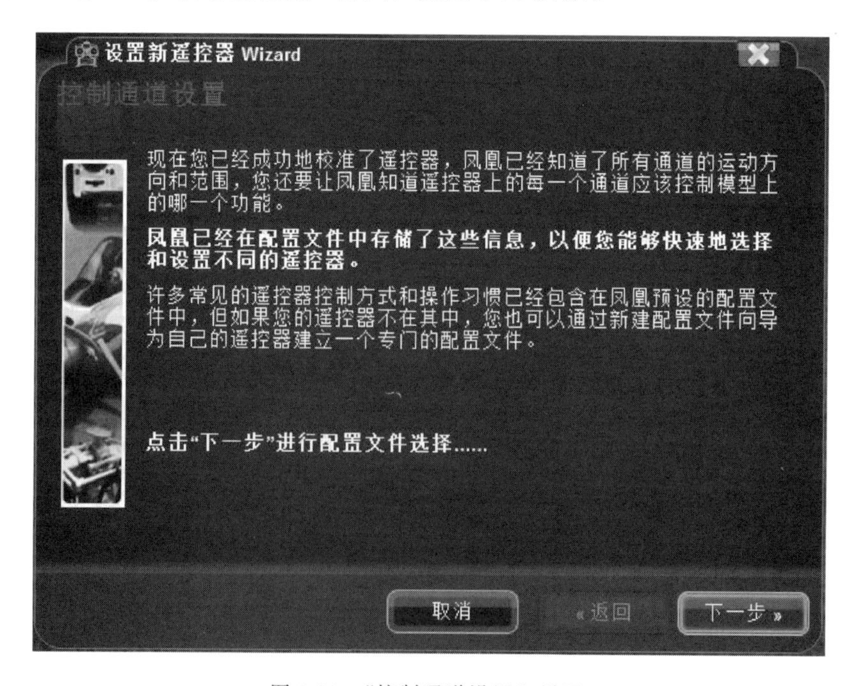

图3-19 “控制通道设置”界面

在“控制通道设置”界面中无需任何操作，单击“下一步”按钮，进入“设置您的控制通道”界面，如图 3-20 所示。

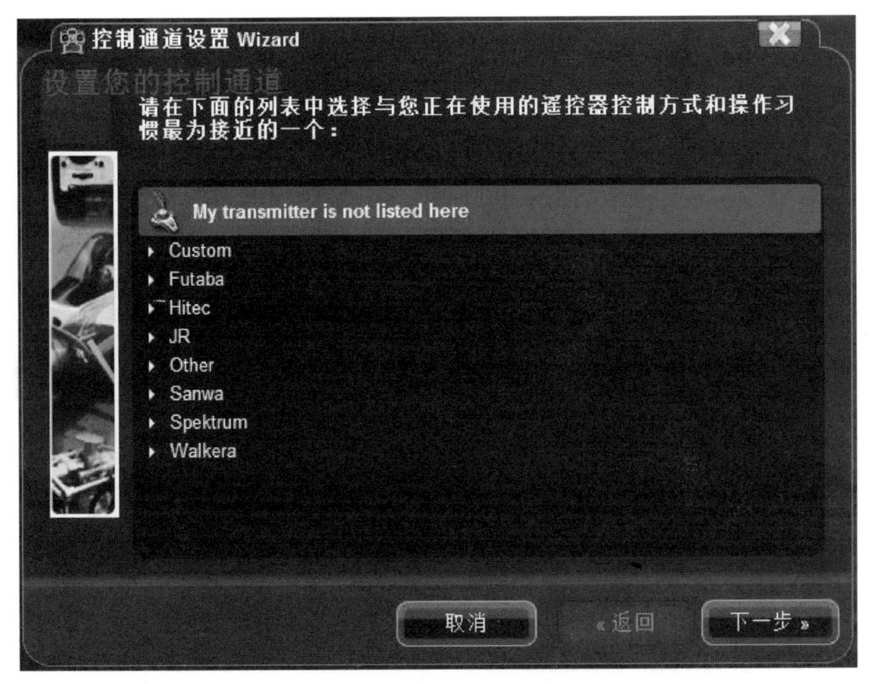

图 3-20 “设置您的控制通道”界面

在“设置您的控制通道”界面中，需要在列表中选择与用户正在使用的遥控器控制方式和操作习惯最为接近的一个。对于使用的 SM600 或 SM2000 模拟器，此时直接单击“下一步”按钮，进入“创建一个配置文件”界面，如图 3-21 所示。

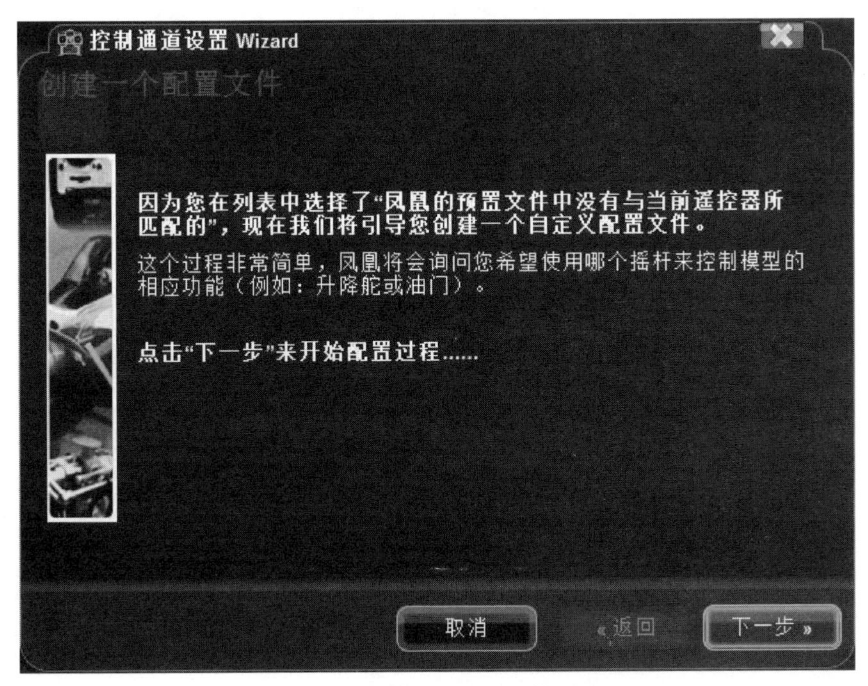

图 3-21 “创建一个配置文件”界面

在“创建一个配置文件”界面中，直接单击“下一步”按钮，进入“选择配置文件名称”界面，如图 3-22 所示。

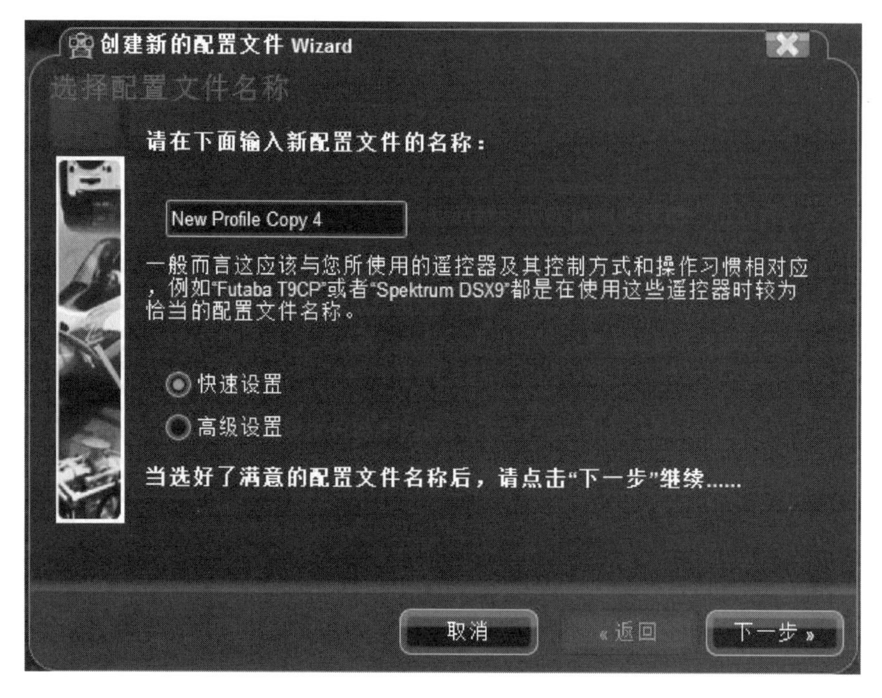

图 3-22 “选择配置文件名称”界面

在“选择配置文件名称”界面中保持默认，单击“下一步”按钮，进入“所有摇杆置于中位”界面，如图 3-23 所示。

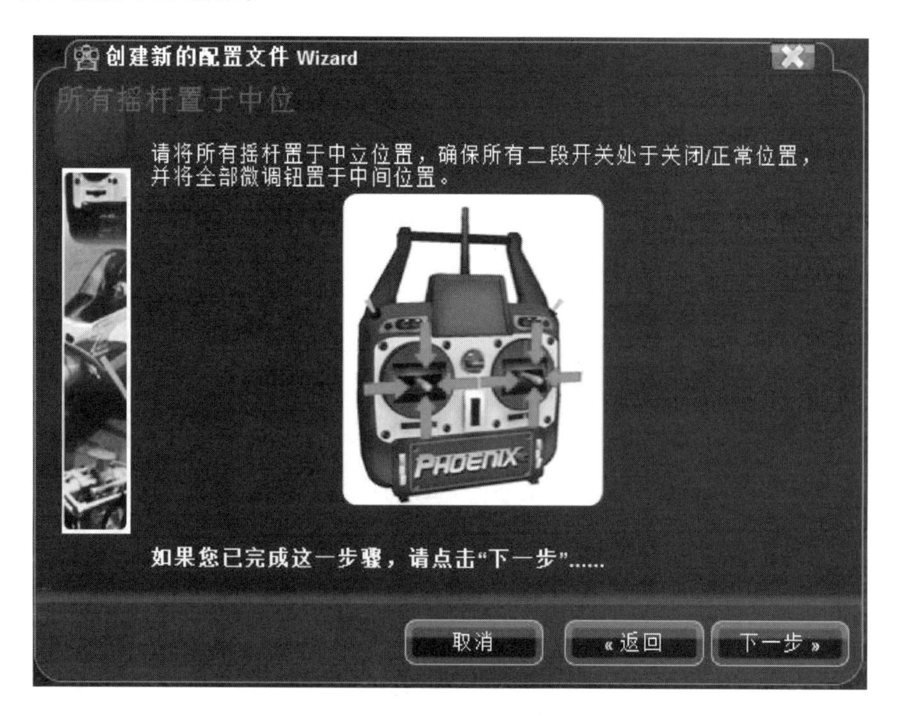

图 3-23 “所有摇杆置于中位”界面

在“所有摇杆置于中位”界面中，需要将所有摇杆置于中立位置，确保所有二段开关处于关闭/正常位置，并将全部微调钮置于中间位置，然后单击“下一步”按钮，进入“引擎控制”界面，如图 3-24 所示。

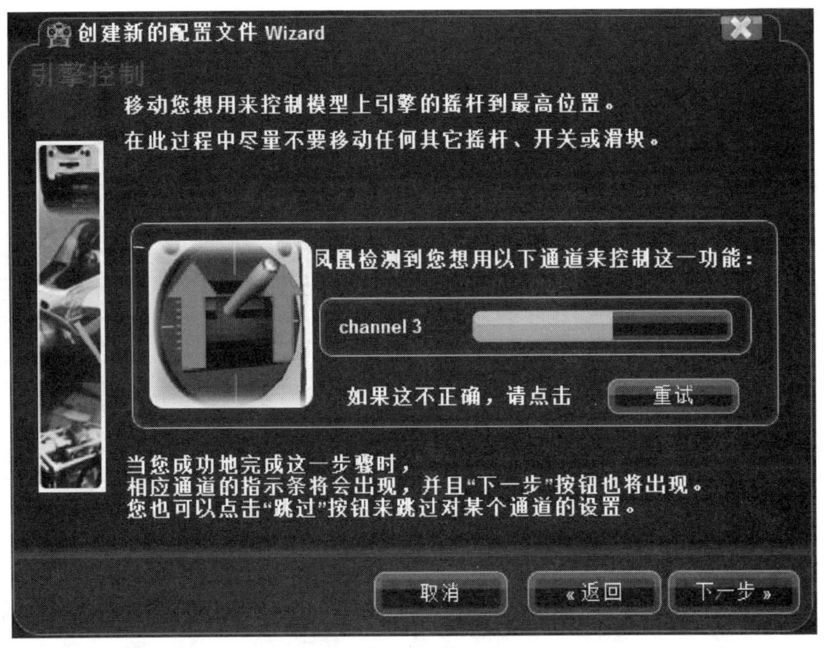

图 3-24　“引擎控制”界面

在“引擎控制”界面中，需要移动用户想用来控制模型上引擎的摇杆到最高位置，在此过程中尽量不要动任何其他摇杆、开关或滑块，然后单击“下一步”按钮，进入“桨距控制”界面，如图 3-25 所示。

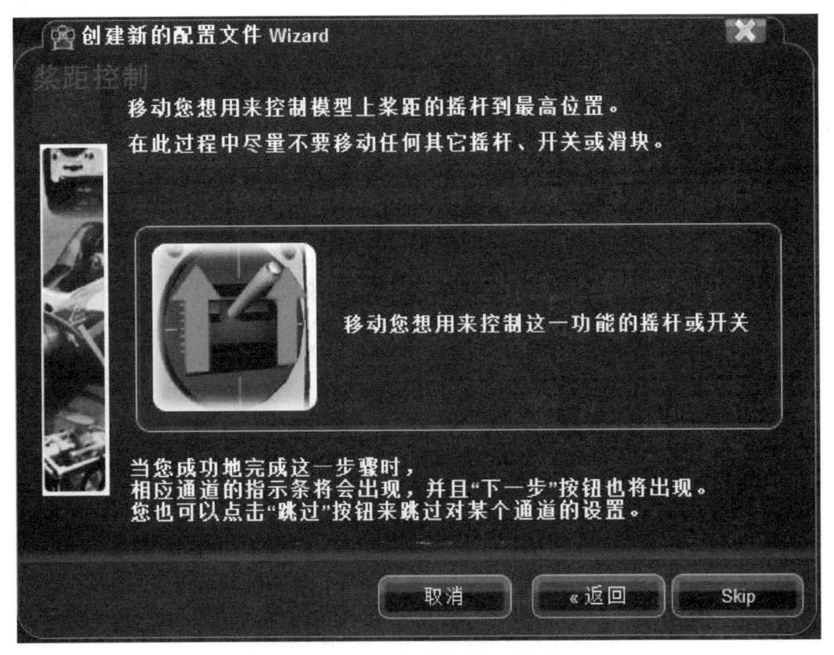

图 3-25　“桨距控制”界面

在“桨距控制”界面中根据控制模型，可选择是否进行设置，如果控制的模型为多旋翼模型和固定翼模型则无需设置，直接单击“跳过”（Skip）按钮，进入“方向舵控制”界面，如图 3-26 所示。

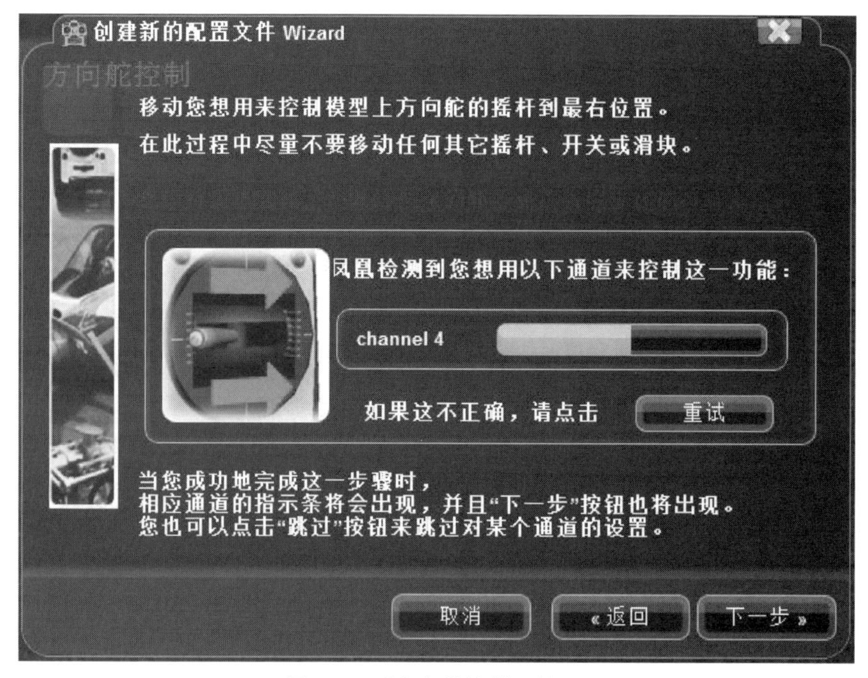

图 3-26 “方向舵控制”界面

在“方向舵控制”界面中，移动用户想用来控制模型上方向舵的摇杆到最右位置，然后单击“下一步”按钮，进入“升降舵控制”界面，如图 3-27 所示。

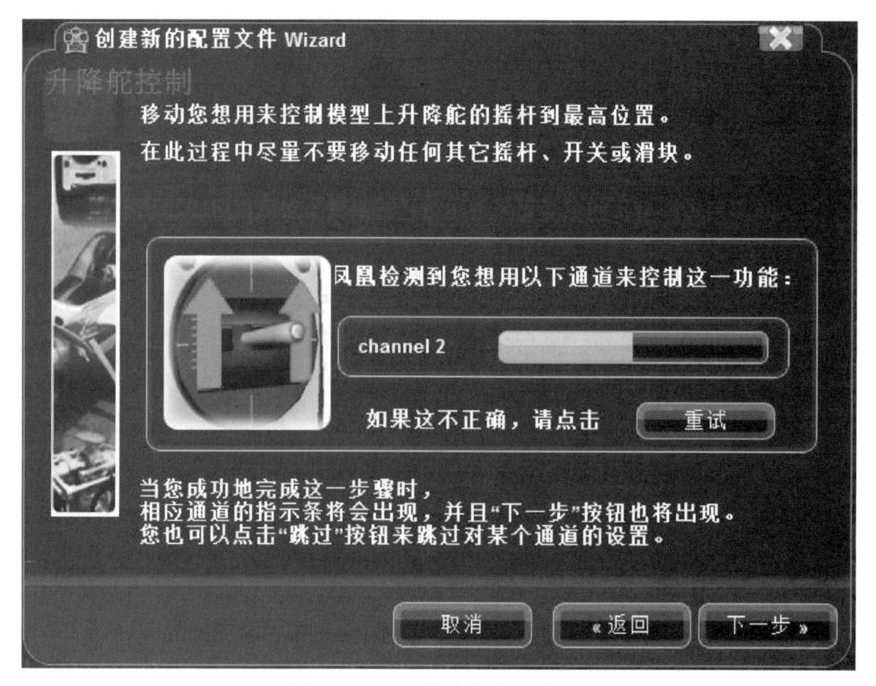

图 3-27 “升降舵控制”界面

在“升降舵控制”界面中，移动用户想用来控制模型上升降舵的摇杆到最高位置，然后单击“下一步”按钮，进入“副翼舵控制”界面，如图 3-28 所示。

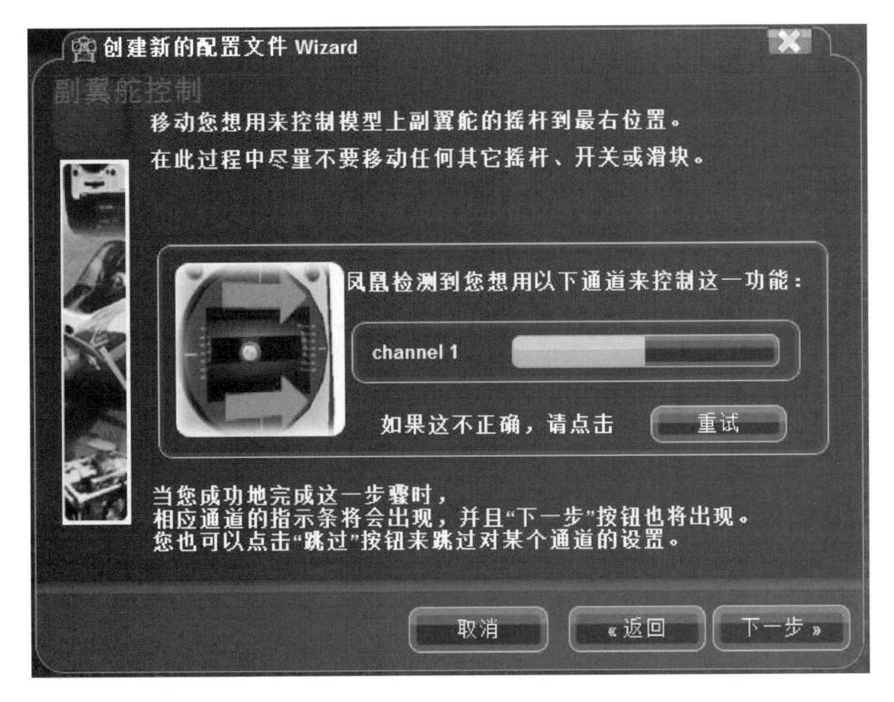

图 3-28 “副翼舵控制”界面

在“副翼舵控制”界面中，移动用户想用来控制模型上副翼舵的摇杆到最右位置，然后单击“下一步”按钮，进入“收放起落架”界面，如图 3-29 所示。

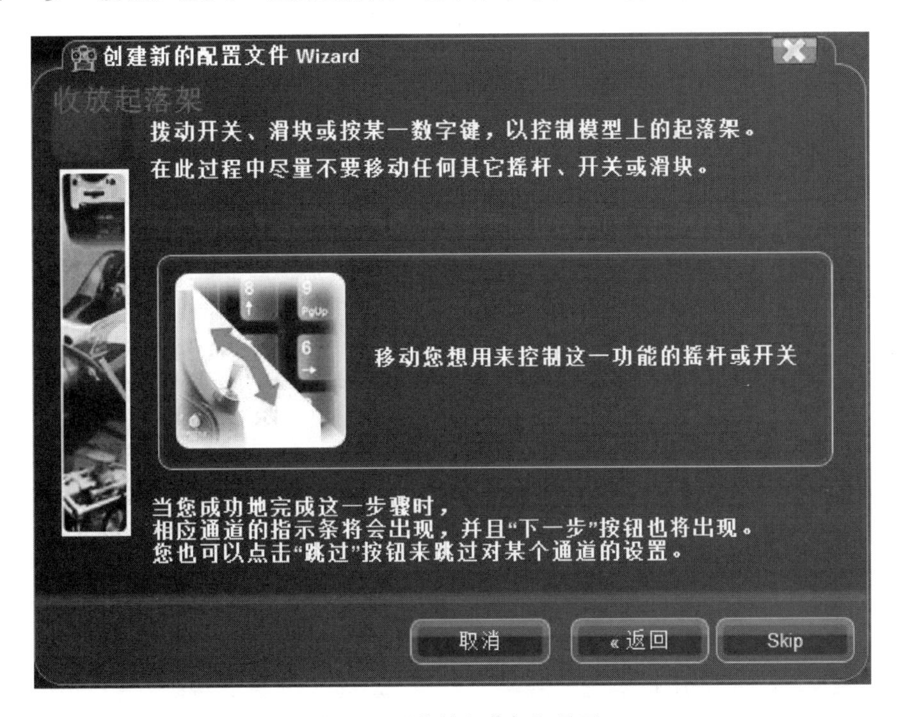

图 3-29 “收放起落架”界面

在“收放起落架”界面中，根据实际操控的飞机模型，拨动开关、滑块或按某一数字键，以控制模型上的起落架，如果没有该控制，可以直接单击“跳过”（Skip）按钮，进入“襟翼控制”界面，如图 3-30 所示。

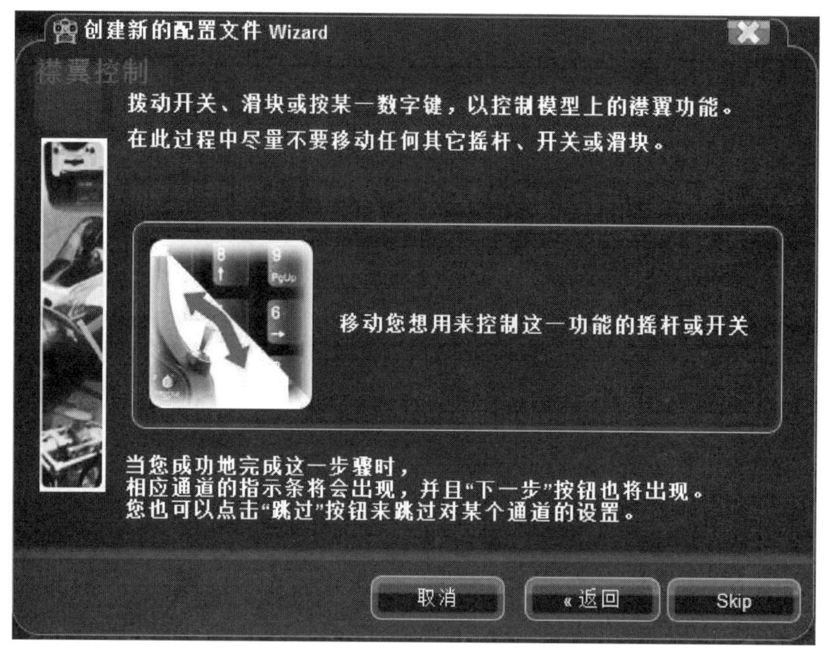

图 3-30 “襟翼控制”界面

在“襟翼控制”界面中，根据实际操控的飞机模型，拨动开关、滑块或按某一数字键，以控制模型上的襟翼功能，如果没有该控制，可以直接单击“跳过”（Skip）按钮，进入“设置完毕”界面，如图 3-31 所示。

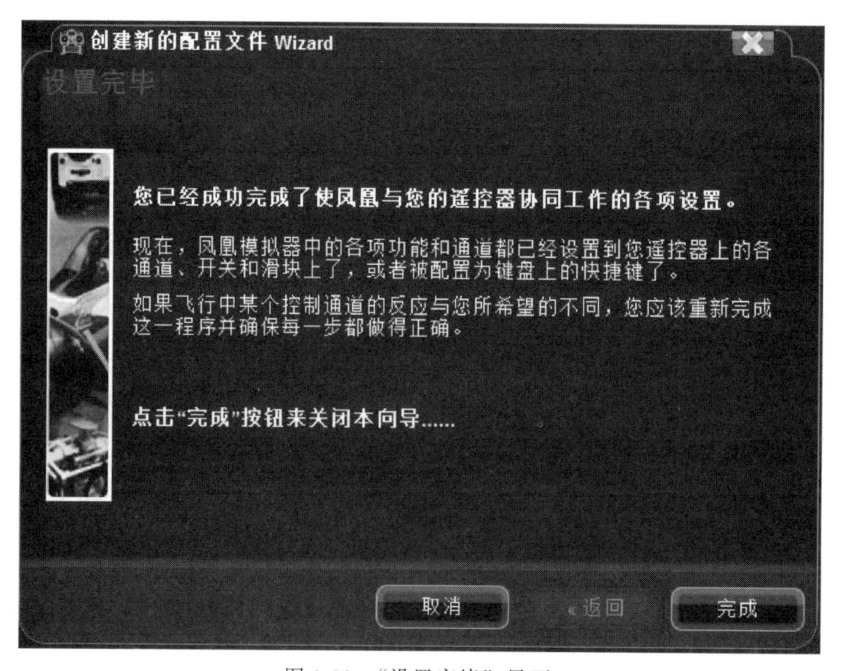

图 3-31 “设置完毕”界面

在“设置完毕”界面中直接单击“完成”按钮，进入“完毕”界面，如图3-32所示。

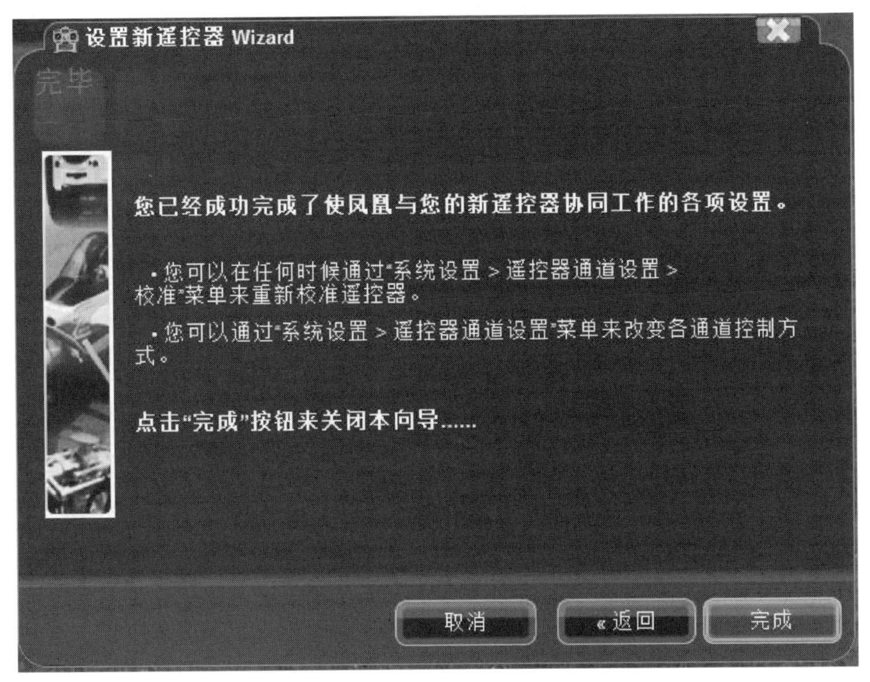

图3-32 “完毕”界面

以上是整个模拟飞行软件的遥控器设置过程，遥控器设置完毕后，可以在模拟飞行软件的主界面里进行模型选择、场地选择、飞行中的信息查看、飞行记录、训练模式等不同选项设置，工具栏如图3-33所示。

图3-33 工具栏

3.3 摇杆的模式及通道

遥控器控制是无人机在视距内的主要控制方式，无人机操控中飞行操控技术水平和飞行精度是能否完成作业任务的关键。

3.3.1 遥控器的认识

遥控器也称发射机，是通过数字比例无线电控制系统对无人机发送飞行指令的装置。遥控器的价格主要取决于通信的质量、通信的距离、通信通道的数量等，通常通信通道的数量越多，遥控器价格越高。遥控器的通道可以理解为控制无人机的每一路信号，遥控器每一个通道发出的信号对应着机载接收机的各接收信号端，这些信号传递的是各通道控制数据。遥控器可以将摇杆产生的角度准确地等比例地传递到飞控、舵机或电调上，实现对无人机姿态的控制。无人机用到的遥控器至少需要4个以上的通信通道，此外，还需要模式切换通道、起落架收放通道、作业任务控制通道等辅助功能通道。

遥控器主要由内置电路、天线、显示屏、摇杆、拨杆、旋钮、握把、挂带等部分组成。由于生产厂家的不同，遥控器的使用设置方式也略有不同。遥控器的常用设置有新建模型设置、行程量校准、失控保护、油门熄火、中立点微调、选择发射制式、与接收机对频等。

3.3.2 遥控器操纵杆的基本作用

遥控器上的两个摇杆主要用于控制飞行，每个摇杆对应前后和左右两个方向上的控制通道，所以两个摇杆对应 4 个控制通道，分别是油门通道、方向通道、升降通道、副翼通道。

① 油门通道直接控制着无人机发动机的转速，油门杆在未解锁的状态下会处在最低位置（双归中摇杆除外），油门杆位越高，对应的动力装置转速越高。

② 方向通道对应着无人机机头的航向控制，从机尾看，向左偏移方向舵，飞机机头会向左偏航；向右偏移方向舵，飞机机头会向右偏航。航向偏移的大小和速度通常与拨杆大小有关，杆位越大，偏转的角度越大，旋转速度越快，完成转向的用时越少。

③ 升降通道的操控在旋翼与固定翼飞行控制方式上略有不同。在旋翼上控制升降舵会控制无人机沿纵轴方向飞行，向前推升降舵越多，沿纵轴前飞的速度越快。在固定翼上会控制无人机绕横轴做俯仰运动，升降舵杆位越低，无人机仰角会越大；升降舵杆位越高，无人机俯角会越大。

④ 副翼通道在旋翼无人机和固定翼无人机上也有所不同，在旋翼无人机上操控副翼舵，会控制旋翼无人机沿横轴飞行，副翼舵的偏移量越大，沿横轴方向飞行速度越快。在固定翼无人机上操控副翼舵会控制无人机绕纵轴做横滚运动，副翼舵偏移量越大，横滚的角速度就越大。

3.3.3 遥控器操纵杆的操控模式

根据前面的介绍可知，遥控器的 4 个控制通道——副翼通道、升降通道、油门通道、方向通道。根据这 4 个通道对应的杆位不同可以分为不同的杆位操控模式，常见的遥控器类型有美国手和日本手。美国手遥控器油门在左边，也叫左手油门；日本手油门在右边，也叫右手油门。美国手和日本手的区别仅在于各通道所处位置不一样而已。除美国手遥控器和日本手遥控器之外，不常见的有反美国手操控模式，也有人称之为中国手操控模式。

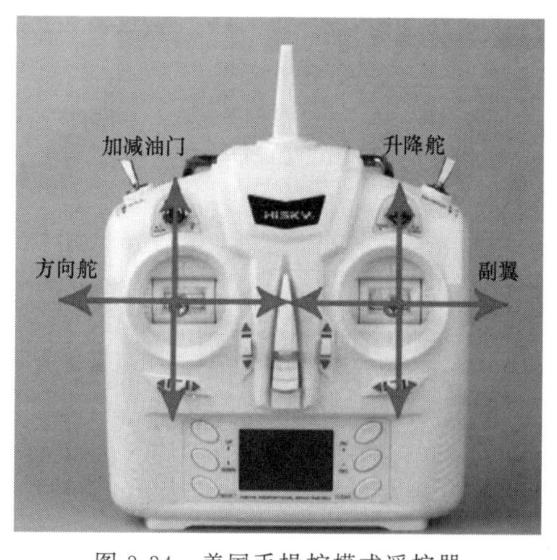

图 3-34 美国手操控模式遥控器

美国手操控模式是左手摇杆在竖直方向为加减油门控制、水平方向为方向舵控制；右手摇杆在竖直方向为升降舵控制，水平方向为副翼控制。美国手操控模式遥控器如图 3-34 所示。

日本手操控模式是左手摇杆在竖直方向为升降舵控制、水平方向为方向舵控制；右手摇杆在竖直方向为加减油门控制，水平方向为副翼控制。日本手操控模式遥控器如图 3-35 所示。

反美国手操控模式正好与美国手操控模式的操作相反，左手摇杆在竖直方向为升降舵控制，水平方向为副翼控制；右手摇杆在竖直方向为加减油门控制，水平方向为方向舵控制。反美国手（中国手）操控模式遥控器如图 3-36 所示。

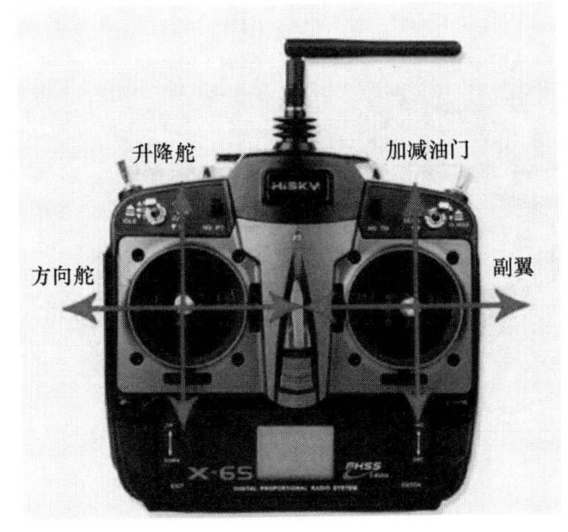

图 3-35 日本手操控模式遥控器

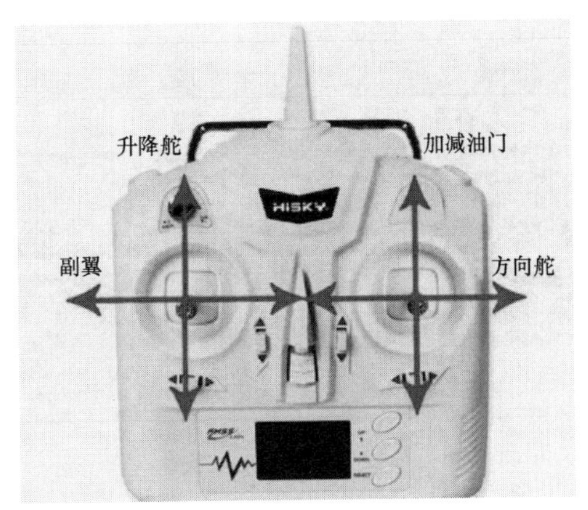

图 3-36 反美国手（中国手）操控模式遥控器

3.3.4 遥控器通道配置

遥控器有一个重要的参数——通道，常见的有 6 通道、7 通道、8 通道、9 通道和 12 通道等。通道数指的是遥控的自由度，即通过接收机能控制多少部件（舵机、电调等）或者功能（激活或调整某个参数）。有些通道是调整矢量参数，如舵机、电调等，按遥控器摇杆动作比例同步偏移。油门杆推高，电调输出功率增大，两者是按比例同步调整的。舵机也一样，舵机左右方向转动的速度和转动的角度与遥控器摇杆动作按比例一致。有些通道属于多挡模式开关，拨不同挡位控制不同的功能，如起落架的收和放、释放烟雾等。遥控器通道越多，价格越高，最基本的能操控无人机的最少通道只需 4 个，分别是加减油门、升降舵、副翼、方向舵，在多旋翼飞行器里面，加减油门控制无人机的上升动力，升降舵控制无人机的前后直线运动，副翼控制无人机的左右直线运动，方向舵控制无人机的水平旋转运动。

乐迪 AT9 遥控有 9 个通道，但不是所有通道都用得上，前面讲过无人机飞行只需 4 个通道就可完成，第 5 通道为飞行模式的切换通道，一般不能更改，这 4 个通道加上第 5 通道可以称为基本通道，剩下的通道称为辅助通道。如果想用遥控器控制两轴云台，就需要用到遥控器的两个辅助通道，这两个辅助通道可以自己定义。

3.4 操控的标准手法

飞行遥控器的操控手法主要分为捏杆式和压杆式两种。捏杆式操控是用拇指的指肚按在操纵杆上，食指指肚侧按在操纵杆上，食指就像弹簧一样，缓冲拇指带动操纵杆的运动，让控制更细腻，更容易掌握，适合用于刚开始飞行时，如图 3-37 所示。

压杆式操控是用大拇指直接按在操纵杆上部，如图 3-38 所示。由于拇指没有限位，操作无人机需要精准的打杆量。如果拇指带动操纵杆运动的幅度很大，无人机姿态变化就比较大，因此，操控人员需要长期练习，感受不同杆位的阻力力矩，才能很好地掌控无人机。

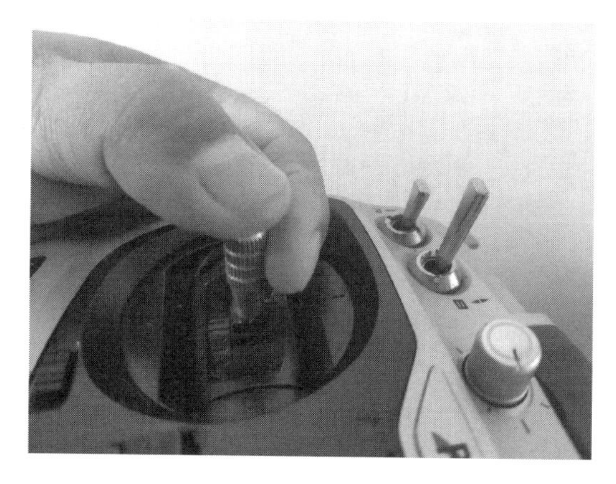

图 3-37　捏杆式操控

图 3-38　压杆式操控

本章小结

1. 模拟器有两种：一种是直接带有 USB 接口的模拟器（SM2000 模拟器），这种只能连接计算机而无法通过对频遥控实体的飞行器，价格相对便宜；另一种则是既可以遥控实体的飞行器，也能通过转接线连接计算机对模拟器进行控制，常见的有乐迪、天地飞、Futaba 等。这种模拟器本身没有 USB 接口，要通过一根转接线和加密狗，来连接计算机实现模拟器的操控。

2. 遥控器也称为发射机，是通过数字比例无线电控制系统对无人机发送飞行指令的装置。遥控器主要由内置电路、天线、显示屏、摇杆、拨杆、旋钮、握把、挂带等部分组成。由于生产厂家的不同，遥控器的使用设置方式也略有不同。遥控器的常用设置有新建模型设置、行程量校准、失控保护、油门熄火、中立点微调、选择发射制式、与接收机对频等。

3. 遥控器上的两个摇杆主要用于控制飞行，每个摇杆对应前后和左右两个方向上的控制通道，所以两个摇杆对应 4 个控制通道，分别是油门通道、方向通道、升降通道、副翼通道。

4. 遥控器有 4 个控制通道：副翼通道、升降通道、油门通道、方向通道。根据这 4 个通道对应的杆位不同可以分为不同的杆位操控模式，常见的遥控器类型有美国手和日本手。美国手遥控器油门在左边，也叫左手油门；日本手油门在右边，也叫右手油门。美国手和日本手的区别仅在于各通道所处位置不一样而已。除美国手遥控器和日本手遥控器之外，不常见的有反美国手操控模式，也有人称之为中国手操控模式。

5. 飞行遥控器的操控手法主要分为捏杆式和压杆式两种。捏杆式操控，是用拇指的指肚按在操纵杆上，食指指肚侧按在操纵杆上，食指就像弹簧一样，缓冲拇指带动操纵杆的运动，让控制更细腻，更容易掌握，适合用于刚开始飞行时。

习题

1. 掌握凤凰模拟飞行软件的安装。

2. 简要叙述模拟飞行软件的设置过程。
3. 叙述无人机遥控器的定义及其基本组成部分。
4. 无人机遥控器操纵杆有哪几种基本作用？
5. 无人机遥控器操纵杆有哪几种操控模式？
6. 飞行遥控器的操控手法有哪两种？

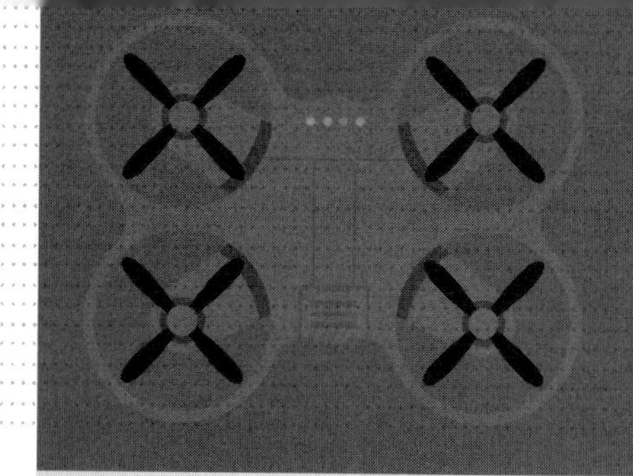

第4章 多旋翼无人机飞行

【内容提要】 本章首先介绍了多旋翼无人机飞行原理，并对无人机飞行中的主要运动形式进行了分析，对模拟飞行软件训练进行了介绍；对常用多旋翼无人机飞控软件的调试进行了讲解；然后又对无人机实操飞行的注意事项进行了详细介绍；最后对升降飞行、定点悬停、四面悬停、航线飞行的主要训练方法进行了说明。

4.1 多旋翼无人机飞行原理

飞行控制器控制飞行姿态，电调、电动机和螺旋桨提供飞行动力，航模电池提供电能，遥控器控制飞行模式。四旋翼无人机有两种组装模式：飞行正方向位于两机臂之间的是X字形模式（图4-1）；还有十字形模式的安装方式，但是用这种安装方式容易出现很多问题，一般很少使用（图4-2）。在使用与性能上两者没有太大差距，出于习惯，多数研究者使用X字形模式，因而我们也选用X字形模式。X字形模式的安装方法意味着4个电动机要按照对角的方式安装到机臂上，且要保证在同一对角线上的电动机旋转方向一致，两两相邻的电动机则要旋转方向相反。如果认为2号电动机和4号电动机是逆时针转，那么1号电动机和3号电动机就要顺时针转，这样无人机才能稳定地飞行。这样做的目的是克服反扭矩。当然要想实现飞行器的多个飞行动作（包括偏航、俯仰和横滚），就需要4个电动机来配合才能够达到目的。

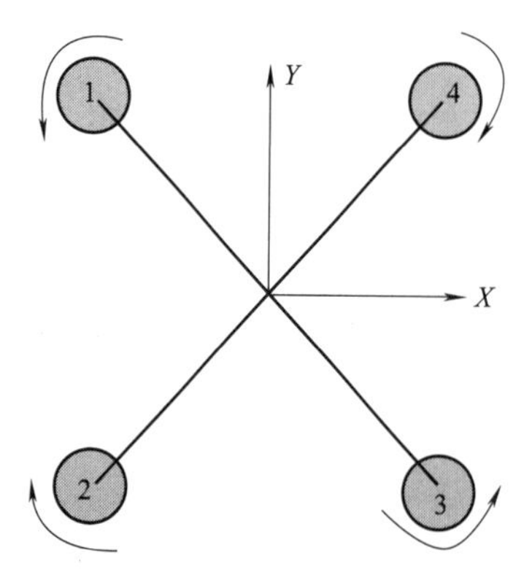

图4-1　X字形四旋翼飞行器模型

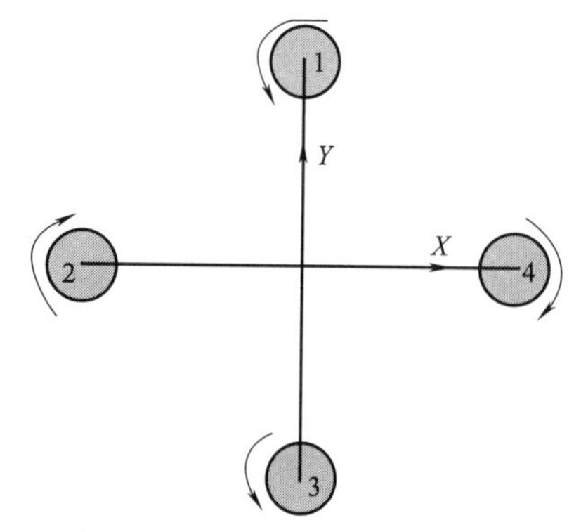

图4-2　十字形四旋翼飞行器模型

(1) 四旋翼无人机的工作原理

四旋翼无人机可以算作一种特殊的直升机。一般直升机只有一个主旋翼与一个尾桨，直升机通过舵机来控制螺旋桨的桨距角进而来控制飞行姿态。四旋翼无人机则与之不同，4个电动机不同的转速为飞行器提供了诸多飞行状态。四旋翼无人机 4 个电动机均匀地分布在机架上，紧凑了机架结构，使得飞行器更加灵活，执行任务时更加高效。四旋翼无人机有滚转、俯仰和偏航 3 种飞行动作，每个飞行动作下有两种飞行方向。因此四旋翼无人机有 6 种飞行模式。此外，还有部分特殊飞行模式，例如翻滚、绕圈、降落等。简而言之，这些飞行模式就是 3 种基本飞行模式的组合。四旋翼无人机旋翼转向如图 4-3 所示。

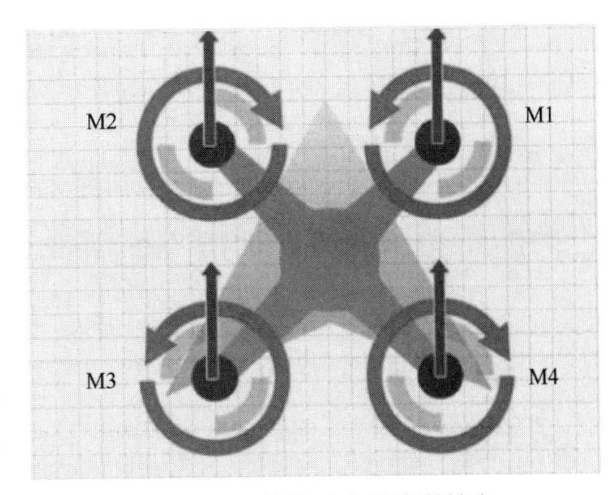

图 4-3　四旋翼无人机旋翼转向

电动机上的螺旋桨选用的是 12 寸（40cm）正反桨，当位于机架右上角的 1 号（M1）电动机和位于机架左下角的 3 号（M3）电动机逆时针转动时，产生反扭矩，M2 和 M4 电动机顺时针转动，产生扭矩，当电动机转速一致时，由于 M1 和 M3 与 M2 和 M4 电动机转动方向相反，其产生的反扭矩与扭矩大小相等、方向相反，正好抵消。同时正转电动机搭配反向桨，反转电动机搭配正向桨。

(2) 螺旋桨产生的动力

根据伯努利原理可知，流速快的压强小，流速慢的压强大。分析螺旋桨剖面，上表面相对于下表面面积大，单位时间内，空气流经下表面的流速大于上表面。上、下表面产生的压差使桨叶产生升力，如图 4-4、图 4-5 所示。

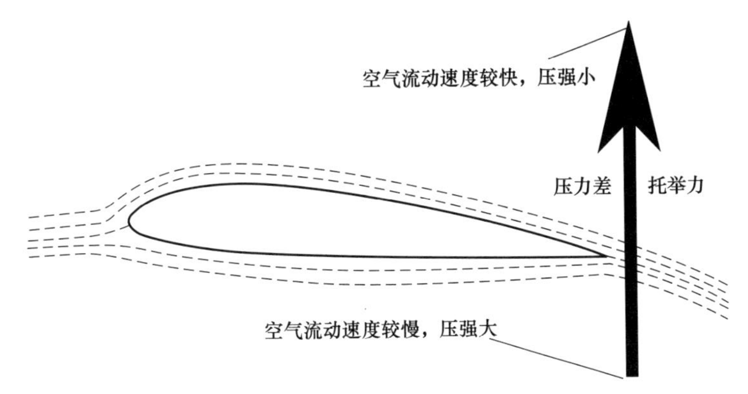

图 4-4　螺旋桨叶拉力原理

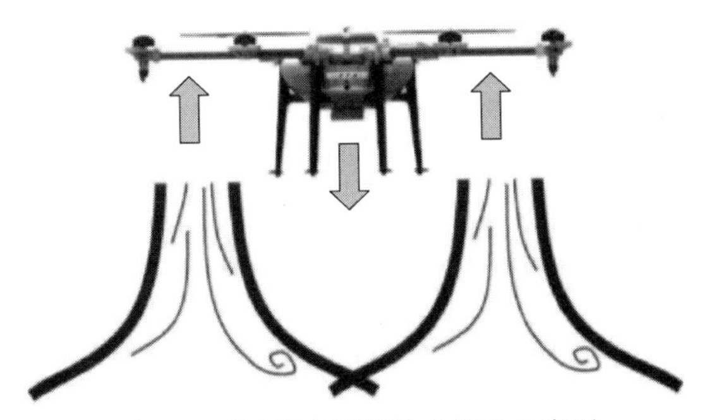
图 4-5　无人机螺旋桨拉力产生示意图

螺旋桨产生的动力是驱动多旋翼无人机运动的主要推力，因此螺旋桨的动力特性对于多旋翼无人机的系统模型和运动控制都非常重要。但由于螺旋桨工作时的动力特性非常复杂，这里只给出螺旋桨的动力近似计算公式。

多旋翼无人机工作时，螺旋桨为无人机提供升力和反扭矩，从而使无人机执行各种机动动作。根据螺旋桨空气动力学的相关理论可知，螺旋桨上产生的升力与反扭矩主要与空气密度、螺旋桨角速度、螺旋桨桨叶面积、桨叶长度、桨叶数、桨叶的特征升力系数和反扭矩系数有关，其关系可近似表述为

$$F=\frac{1}{2}\alpha\rho\omega^{2}N_{B}C_{T} \tag{4-1}$$

$$M=-\frac{1}{2}R^{2}\rho\omega^{2}N_{B}C_{M} \tag{4-2}$$

式中，F 为螺旋桨上产生的升力，单位为 N；α 为螺旋桨桨叶面积，单位为 m^2；ρ 为空气密度，单位为 kg/m^3；ω 为螺旋桨角速度，单位为 rad/s；N_B 为桨叶数；C_T 为桨叶的特征升力系数；M 为螺旋桨产生的反扭矩，单位为 N·m；R 为桨叶长度，单位为 m；C_M 为螺旋桨桨叶的反扭矩系数。

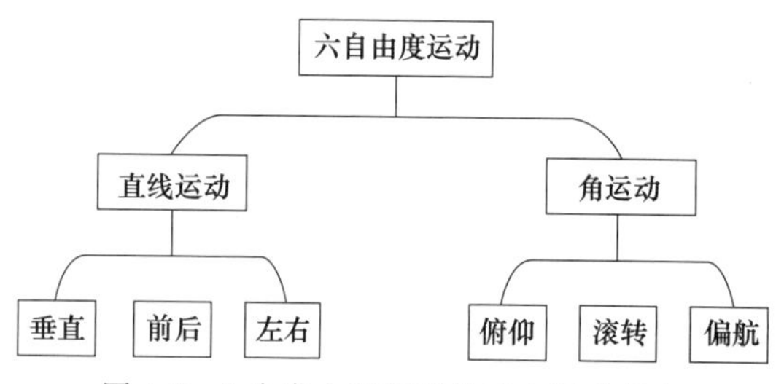

图 4-6　6 个自由度实现的基本运动状态

四旋翼无人机在空间共有 6 个自由度运动（分别沿 3 个坐标轴平移和旋转），这 6 个自由度的控制都可以通过调节不同电动机的转速来实现。图 4-6 所示为 6 个自由度实现的基本运动状态。

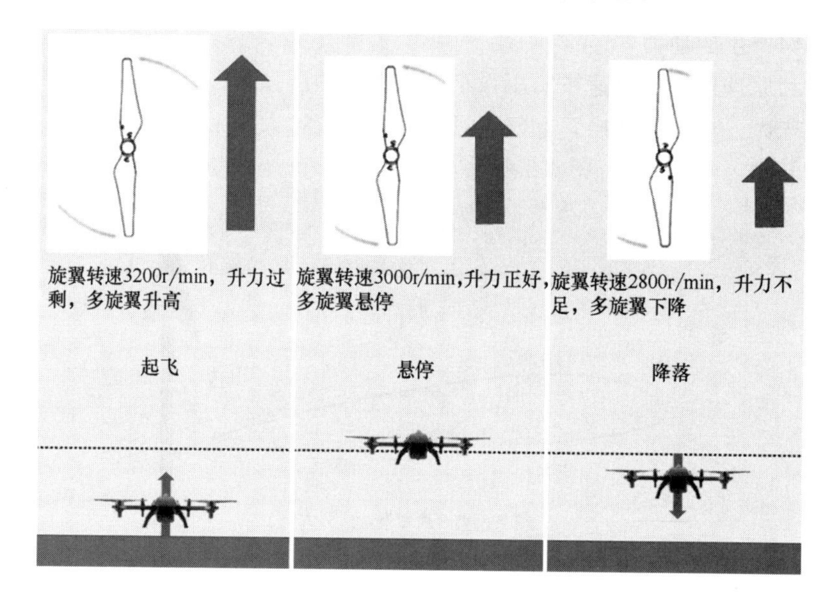

图 4-7　无人机空中悬停 1

① 空中悬停　无人机空中悬停如图 4-7、图 4-8 所示，无人机通上电源，慢慢拉高油门杆，电动机转速慢慢增大，螺旋桨的拉力也在逐步提升，一旦 4 个电动机的升力 F 在数值上和飞行器自重 G 大小相等，方向相反，这时候的飞行器成功悬停。

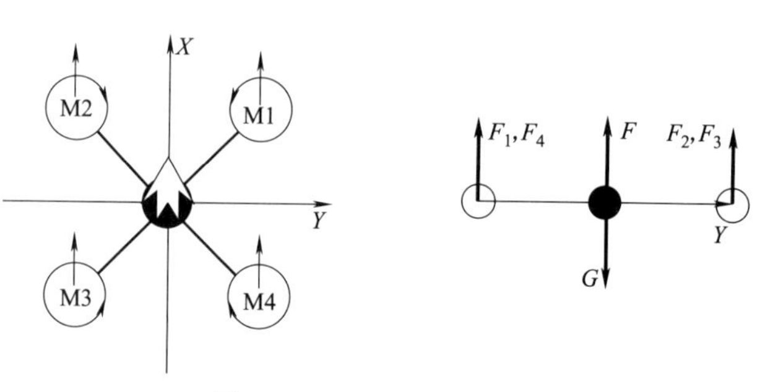

图 4-8　无人机空中悬停 2

② 上下垂直运动 无人机垂直向上如图 4-9 所示。当提升油门杆，电动机转速同时增大的时候，产生的升力也在慢慢增大，这时候总升力 F 大于无人机自重 G，无人机能够垂直向上。

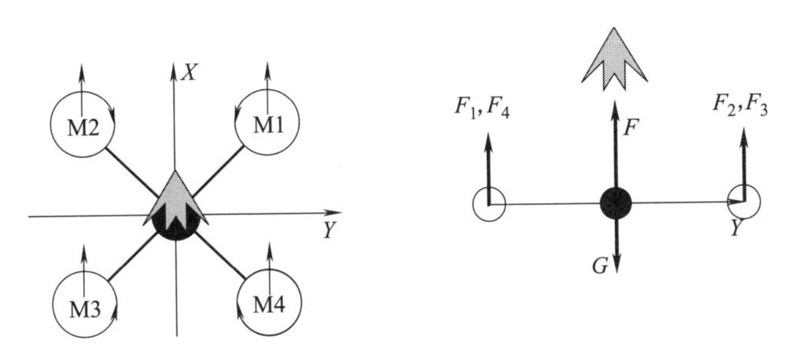

图 4-9 无人机垂直向上

无人机垂直向下如图 4-10 所示，当拉低油门杆，电动机开始慢速运行时，所产生的升力也在变小，这时总升力 F 小于无人机的自重 G，无人机能够垂直下落。

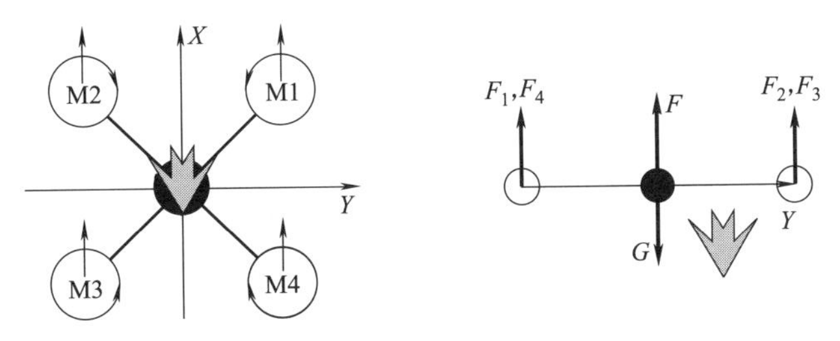

图 4-10 无人机垂直向下

③ 俯仰运动与前后运动 无人机向前飞行如图 4-11 所示，当位于 X 轴正方向上的 M1 和 M2 电动机转速减少，而在 X 轴反方向上的 M3 和 M4 电动机转速增加时，此时无人机总升力 F 有一个分力使得无人机能够往前飞行。

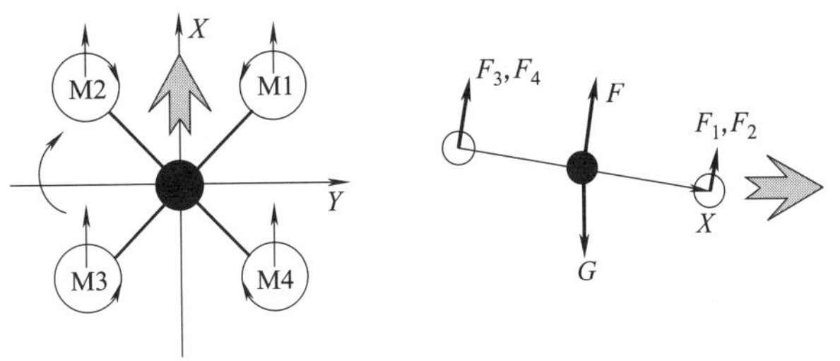

图 4-11 无人机向前飞行

无人机向后飞行如图 4-12 所示，当位于 X 轴正方向上的 M1 和 M2 电动机转速增加，而在 X 轴反方向上的 M3 和 M4 电动机转速减少时，此时无人机总升力 F 有一个分力使得无人机能够往后飞行。

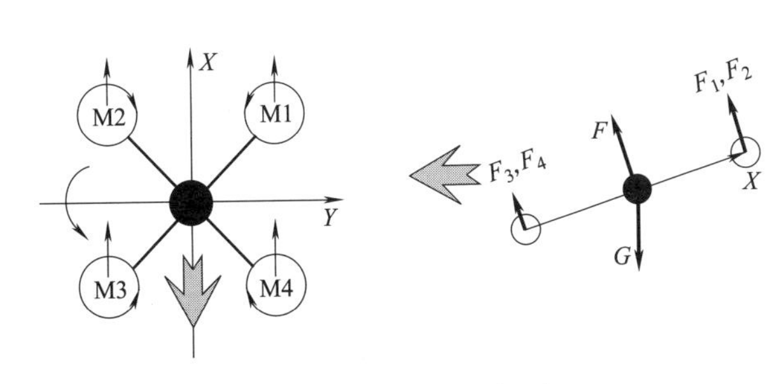

图 4-12 无人机向后飞行

④ 滚转运动与左右运动 无人机向左飞行如图 4-13 所示，要想实现无人机向左运动，则需要 M2 和 M3 电动机减速，M1 和 M4 电动机提速，无人机的总升力 F 有一个分力使得无人机向左飞行。

无人机向右飞行如图 4-14 所示。要想实现无人机向右运动，则需要 M2

图 4-13　无人机向左飞行

和 M3 电动机提速，M1 和 M4 电动机减速，无人机的总升力 F 有一个分力使得飞行器向右飞行。

⑤ 左右偏航运动　通过控制无人机电动机的转速，各电动机产生的反扭矩在大小与方向上有所差异，要想飞行实现偏航，则需要相邻电动机之间产生转速差，例如无人机往左转向，M1 和 M3 电动机转速增加，M2 和 M4 电动机转速降低。

如图 4-15 所示，同理，当无人机的 M1 和 M3 电动机减速，M2 和 M4 电动机提速，这时无人机向右偏航。

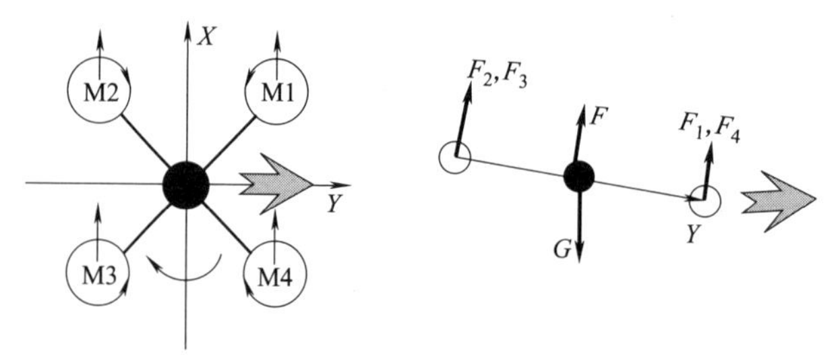

图 4-14　无人机向右飞行

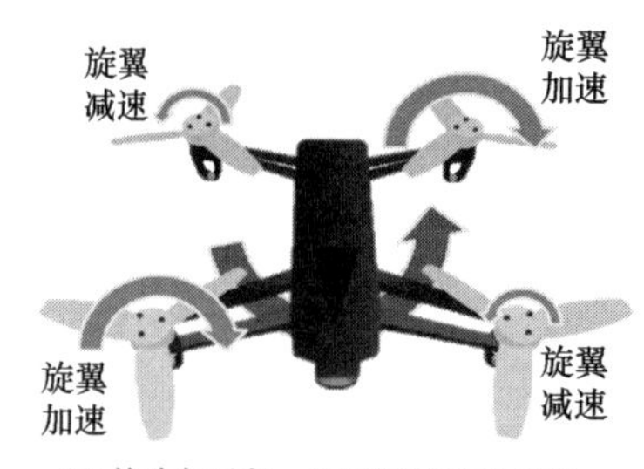

(a) 总升力不变，反扭矩使多轴左转

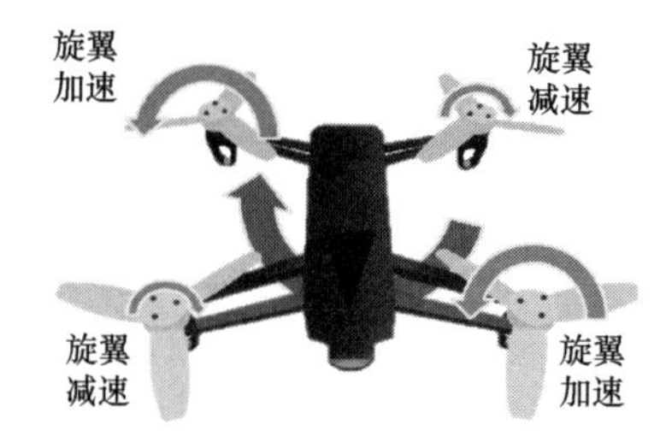

(b) 总升力不变，反扭矩使多轴右转

图 4-15　无人机左右偏航飞行

4.2 模拟飞行软件训练

(1) 训练目的和要达到的预期目标

① 能够了解和熟练使用遥控器，了解遥控器的各摇杆（其他功能开关）功能。

② 能够通过遥控器内部菜单，创建模型，进行感度的调整或曲线的设置。

③ 模拟飞行器选择。多旋翼机型推荐使用 blade_350_QX，可进行 GPS 模式或姿态模式的训练。也可通过无头模式，进而快速入门，如图 4-16 所示。

(2) 飞行训练——悬停练习

① 四位悬停。四位悬停即对尾悬停，对左（右）侧悬停，对头悬停，简称四位。完成对尾悬停后，即可进行四位悬停后面位置的练习，控制方向舵时应小舵量拉住匀速旋转。四位悬停主要难点是方向感及提前量问题，可以假想自己坐在无人机上，不管在哪个方位都当作对尾在飞，尝试小舵量修舵。

四位悬停训练时，悬停训练通道设置为“升降舵+副翼”，“方向”选择分别选择“后面”“前面”“在左边”“在右边”，如图 4-17 所示。

② 全通道悬停训练时，悬停训练通道设置为“所有控制通道”，“方向”分别选择“后面”“前面”“在左边”“在右边”，如图 4-18 所示。

③ 360°悬停。无人机飞到一定高度后进行对尾悬停，停稳后，拉住方向舵匀速、缓慢旋转一周，同时控制加减油门、升降舵、副翼，小舵量轻修，高度上下波动幅度应

图 4-16　飞行器选择

图 4-17　四位悬停训练

图 4-18　全通道悬停训练

小于 10cm。旋转一周用时要求 6～20s。保持无人机高度，推动方向舵，无人机旋转 360°。保证无人机高度、位置没有发生明显变化，如图 4-19 所示。

图 4-19 360°悬停示意图

(3) 飞行训练——航线练习

① 4 边航线。使用姿态模式，沿着 4 边进行飞行，始终保持机头沿着航线方向。

② 圆形航线。使用姿态模式，沿着圆形轨迹进行飞行，始终保持机头沿着航线方向。

③ 8 字航线。使用姿态模式，沿着 8 字形轨迹进行飞行，始终保持机头沿着航线方向。航线练习如图 4-20 所示。

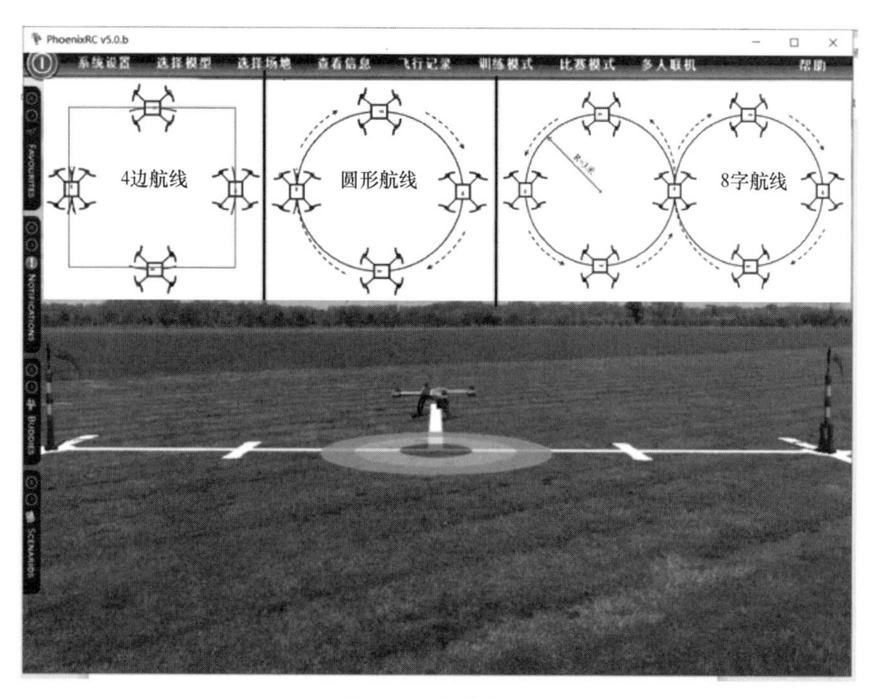

图 4-20 航线练习

4.3 多旋翼常用飞行控制器软件调试

多旋翼常用飞行控制器软件有很多种，下面以最常见的大疆NAZA-M LITE飞行控制器软件调试为例进行介绍。NAZA-M LITE是一款优秀的飞控系统。和直升机相比，它能够为低高度多旋翼无人机在狭小空间内提供卓越的飞行特性。无论哪种尺寸规格的多旋翼无人机，一旦装上NAZA-M LITE，它就不再是一个普通玩具。NAZA-M LITE主要用于四旋翼和六旋翼无人机上，是为多旋翼无人机爱好者开发的一种飞控系统。NAZA-M LITE飞控系统可以实现姿态稳定和高度锁定功能，可广泛应用于休闲娱乐、航拍和FPV等航模运动中。NAZA-M LITE控制模式如表4-1所示。

表4-1 NAZA-M LITE控制模式

模式类型	GPS姿态模式	姿态模式	手动模式
尾舵角速度	最大尾舵角速度为200°/s		
摇杆线性控制	是		
摇杆命令的含义	机身姿态控制；摇杆中位对应机身姿态0°，摇杆端点对应机身姿态45°		最大角速度为150°/s，没有姿态角度限制和垂直方向速度锁定
高度锁定	在距离地面1m以上的高度，可以很好地锁定飞行高度		无
松开摇杆	在有GPS信号的情况下，锁定位置不变	无位置锁定，仅稳定姿态	不建议（非专业人员勿试）
无GPS信号	丢失GPS信号3s后，无人机进入姿态模式	无位置锁定，仅稳定姿态	
安全性	姿态与速度混合控制；低电压保护		依靠多年操作经验
	增强型失控保护	自动平衡失控保护	
使用领域	航拍作业	竞技飞行	

NAZA-M LITE主要部件包括主控器、多功能模块、GPS和指南针模块，还包括GPS支架、USB线、舵机线和3M胶纸，如图4-21所示，安装连接示意图如图4-22所示。

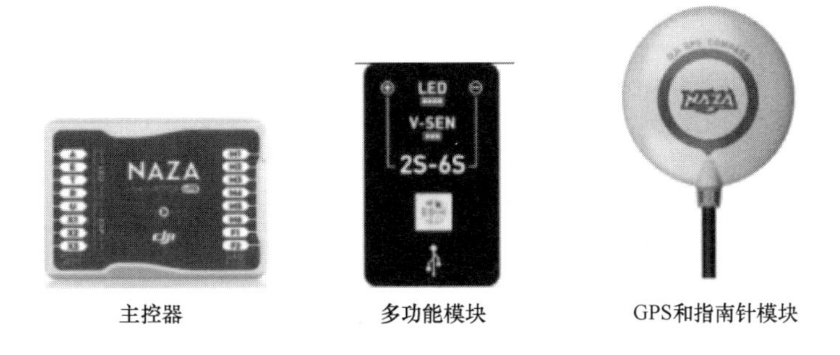

图4-21 NAZA-M LITE主要部件

(1) 软件下载及安装

① 打开计算机，访问大疆官方网站“www.dji.com”，在相关产品页面下载EXE格式的调参软件和驱动安装程序。

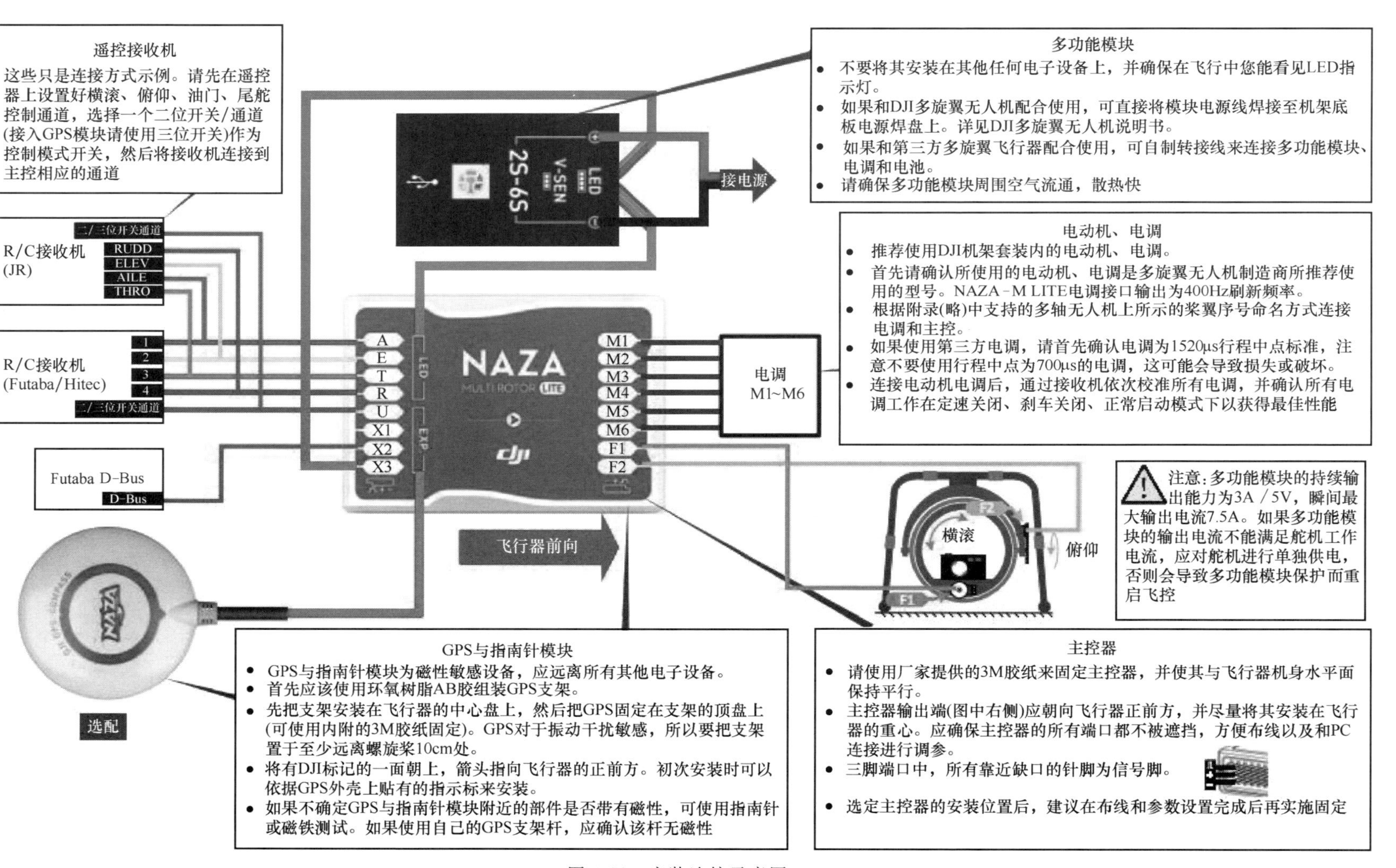

图 4-22　安装连接示意图

② 打开遥控器，接通飞控系统电源。

③ 使用 Micro-USB 连接线连接飞控系统和计算机。

④ 运行 DJI 驱动安装程序，按照提示完成驱动安装。

⑤ 运行调参软件安装程序，严格按照安装说明提示完成安装。运行程序，界面如图 4-23 所示。

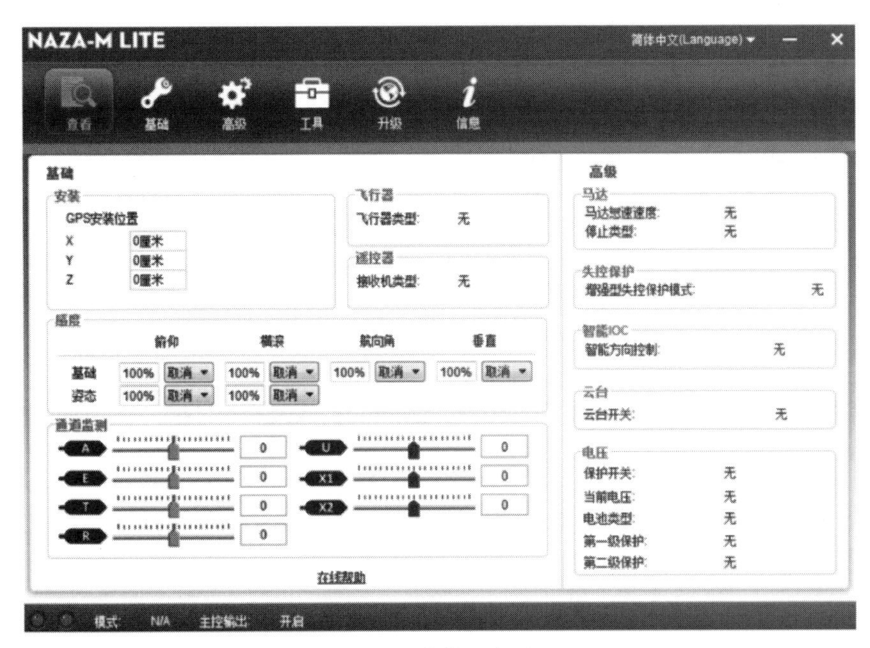

图 4-23　软件运行界面

(2) 菜单栏基础功能介绍

① 查看

“基础”设置信息：包括飞行器、遥控器、安装、感度、通道监测。

“高级”设置信息：包括马达、失控保护、智能 IOC、云台、电压。

② 基础　在此页面进行飞行器、遥控器、安装、感度的设置。

③ 高级　在此页面进行马达、失控保护、智能 IOC、云台、电压的设置。

④ 工具　在此页面进行 IMU 校准。

⑤ 升级　在此页面可查看升级版本信息。

⑥ 信息　在此页面查看用户信息等。

⑦ 简体中文（Language）　单击可切换中英文。

(3) 参数设置流程

打开调参软件之前，先给主控上电，然后使用 USB 线将主控器连接到计算机上（接入 Internet）。在第一次使用调参软件时需要先注册，每次打开调参软件时，都会自动检测最新软件版本，如果用户版本不是最新的，会自动显示提示框。在使用调参软件时，切勿断开主控和计算机的连线。

① 飞行器　图 4-24 中每种飞行器类型图中标记的 M1～M6 与主控器输出端口 M1～M6 相对应。箭头表示电动机和桨的旋转方向。请确保每个电动机的转动方向与调参软件中的图示方向一致。否则，交换转动方向错误的电动机与电调 3 根连线中的任意 2 根，从而改变电

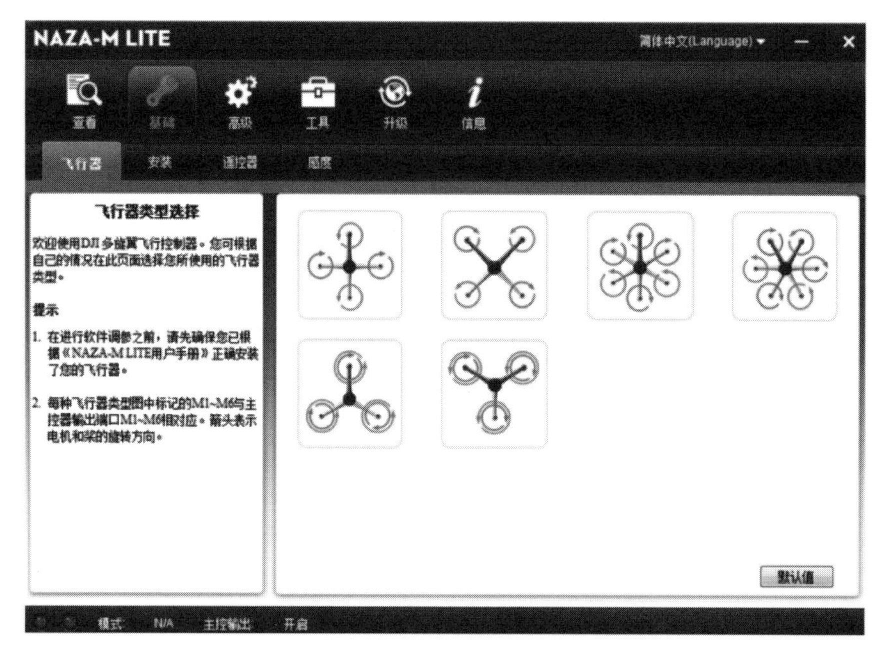

图 4-24　飞行器设置界面

动机的转向。确保螺旋桨正桨与反桨安装位置与电动机旋转方向匹配。蓝色代表上层的螺旋桨，红色代表下层的螺旋桨。

② 安装　电池、相机云台和相机等所有飞行中将要用到的负载全部安装在机身上，平衡负载使飞行器的重心位于飞行器中心。

安装方向要求：

• 务必使电调输出端口的朝向与飞行器机头方向一致。安装主控器时，尽量安装在靠近中心位置，确保主控器印有标记的一面朝上，并使其与机身水平面保持平行。

• GPS 模块安装有方向要求，务必使 GPS 模块印有箭头的一面朝上，并且箭头指向飞行器的正前方。填入 GPS 模块体心位置与飞机重心的相对距离，注意 X、Y 与 Z 轴的方向。

注意：

• 选用 GPS 模块的用户应认真设置此步骤。

• 如果飞行器的重心发生变化（例如负载改变了），务必重新设置。

• 按照要求安装主控器，否则会导致飞行异常，如飞行器水平方向发生飘移、侧翻等。

• 如果 GPS 安装位置不够准确或者符号错误的话，X、Y、Z 轴的错误都会导致无人机摇摆。

• 务必按照调参软件图示——红线为正轴、绿线为负轴进行设置，测量单位应为厘米，而不是英寸，如图 4-25 所示。

③ 遥控器　遥控器设置界面如图 4-26 所示。

第 1 步：选择接收机类型。根据实际情况选择所使用的接收机类型，并检查连线是否正确，如图 4-27 所示。

第 2 步：命令杆校准。

在校准命令杆之前，先对滑块移动进行定义：

T 滑块向左，减小油门；滑块向右，增大油门。

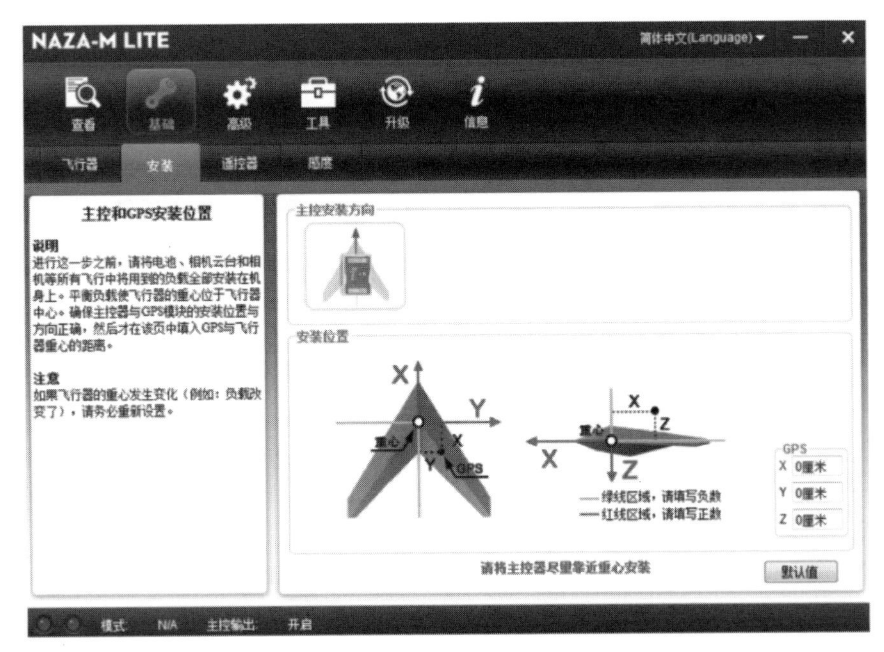

图 4-25 安装界面

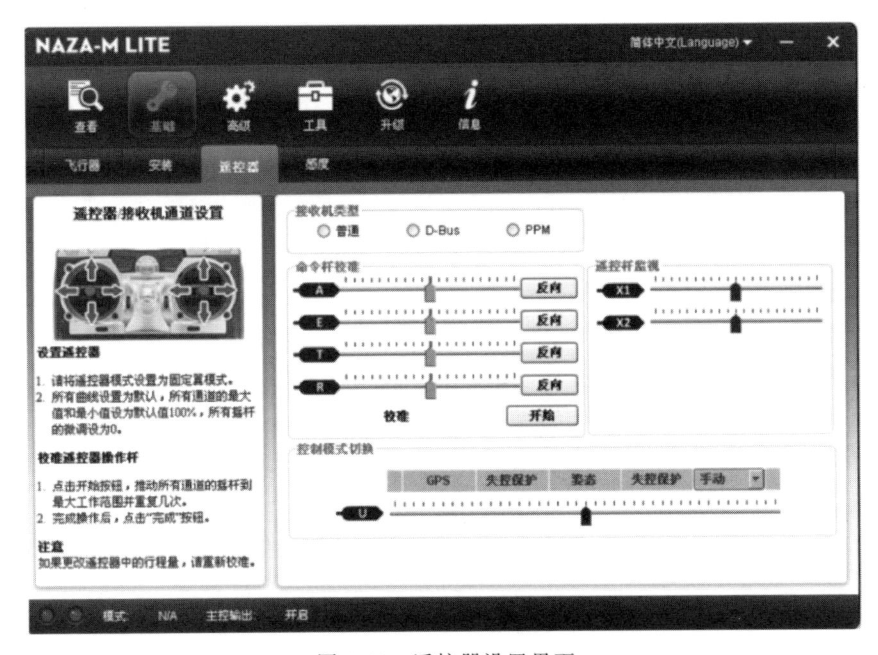

图 4-26 遥控器设置界面

R 滑块向左，机头向左；滑块向右，机头向右。

E 滑块向左，飞行器向后；滑块向右，飞行器向前。

A 滑块向左，飞行器向左；滑块向右，飞行器向右。

a. 首先把所有通道的最大值和最小值均设为默认值（100%），把遥控器上所有摇杆的微调设为0。因为要记录遥控器各操作通道的最大和最小值，所以应将所有曲线设置为默认。

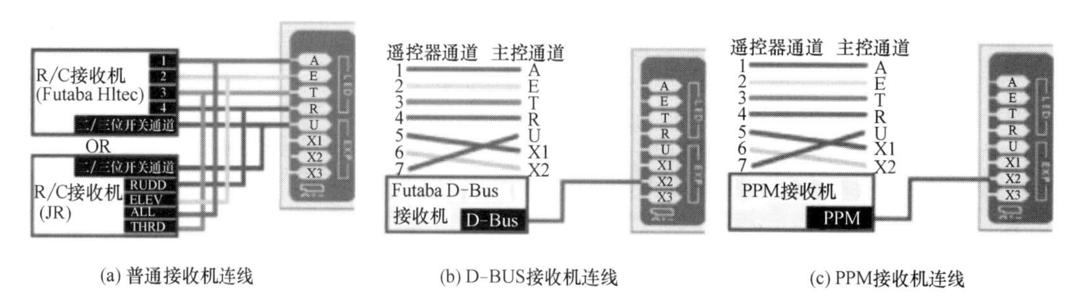

(a) 普通接收机连线　　(b) D-BUS接收机连线　　(c) PPM接收机连线

图 4-27　选择接收机类型示例

b. 单击“开始”按钮，推动所有通道对应的摇杆，使其活动到最大工作范围并重复几次。

c. 完成以上操作后，单击“结束”按钮。

d. 如果滑块的移动方向和滑块移动定义方向相反，单击旁边的“反向”/“正常”按钮进行调整。

注意：摇杆在中位时相应的滑块应显示绿色箭头。校准时，如果发现杆在中位但滑块无法回到中位属于正常现象，单击“结束”按钮，滑块会自动回中。如果仍然没有在中位，应重启主控，主控启动过程中不要拨动摇杆。如果摇杆的微调不为 0，那么执行掰杆动作时，电动机将有可能无法启动。

第 3 步：摇控杆监视。

X1/X2 通道观测：X1 和 X2 通道功能为可选功能，如果需要使用该功能，应先正确设置遥控器通道，然后通过此处观察 X1 与 X2 通道设置是否正确。

X1 通道用于远程调参或云台俯仰控制。X2 通道用于远程调参或智能方向控制，或作为 D-Bus 输入端口。

第 4 步：控制模式切换。

无论选择遥控器上的哪个二位、三位开关作为控制模式切换开关（图 4-28），均应将接收机上对应的端口接入主控器的 U 通道。在不同挡位，应用遥控器中的 end-point 微调功能，将软件中输入通道 U 所示的滑块分别移至手动（手动模式）、姿态（姿态模式）与 GPS（GPS 模式）并使相应区域变蓝。

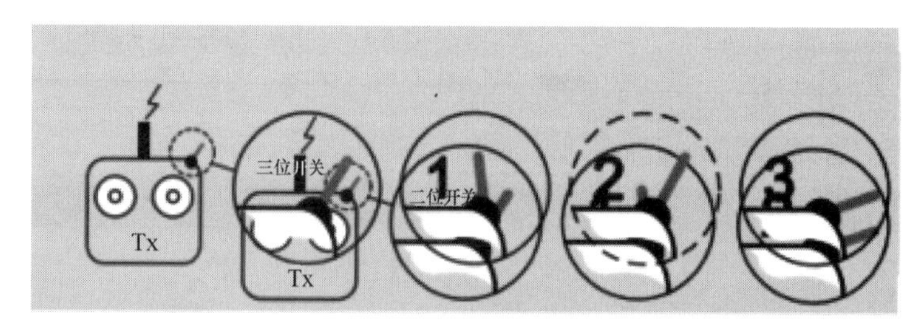

图 4-28　控制模式切换

提示：移动滑块即使用 end-point 调节所选通道。

对于三位开关：位置 1 设置为手动模式；位置 2 设置为姿态模式；位置 3 设置为 GPS 模式。也可将位置 1 与位置 3 的定义互换。

对于二位开关：可以根据用户的需要设置 3 个模式中的任意 2 个。

如果遥控器支持失控保护，移动滑块到失控保护模式使该区域变蓝，并将遥控器的相应通道设置为失控保护。此时如果关闭遥控器，U 通道的滑块将移至失控保护模式并使相应区域变蓝。否则应重新设置失控保护模式。主控器内建有自动平衡的失控保护功能，即在成功设置失控保护后，当主控器和遥控器失去联系时，主控器所有命令杆输出回中。如果遥控器只有 4 个通道，那么主控器将默认工作在姿态模式下，并且没有失控保护功能。请参考遥控器手册来设置失控保护模式。接入 GPS 时，失控保护为增强型失控保护；未接入 GPS 时为自动平衡失控保护，飞行器将自动下降。

注意：

• 切勿将油门的失控保护位置设置在 10%满量程以下。

• 如果未按以上要求正确设置，失控保护将无法正常工作。先关闭遥控器，然后通过以下方式确认失控保护是否设置正确：观察调参软件界面的底部状态指示栏，控制模式将会显示失控保护（Fail-Safe）；进入失控保护模式时，LED 灯会呈黄色快速闪烁状态。

• 如果遥控器不支持失控保护，当主控器和遥控器失去联系时，失控保护功能将不会起作用。

• 不要将 Futaba 4 通道遥控器和 D-Bus 接收机搭配使用，否则主控器将工作在失控保护状态下。

• 用户未连接 GPS 模块，但控制模式切换中设置了 GPS 模式，则飞行过程中选择 GPS 模式时将自动切换为姿态模式，并且 LED 指示灯为姿态模式闪灯，此时三位开关作用同二位开关。

• 在 GPS 的失控保护状态下，飞行器下降着地后将自动“熄火”；未接入 GPS 时，飞行器下降着地后将不会自动“熄火”。

④ 感度　感度参数通常采用默认参数，默认值为 100%。但是，不同的多旋翼飞行器因为型号、电子调速器、电动机和螺旋桨的不同会导致感度不同。如果感度过大，将导致飞行器在该参数所对应的方向上产生振荡（5～10 次/s）；如果过小将导致飞行器难以控制。所以，仍需要调节飞行器的俯仰、翻滚、飞行航向和垂直方向的感度，以便让飞行器拥有更好的飞行表现。调节时建议每次改动参数的 10%～15%。

对于俯仰横滚的基础感度，如果在打俯仰、横滚杆之后马上松杆，飞行器应该会自动回到悬停状态。如果飞行器在回悬停状态过程中反应很柔软，或者说有较大延迟，那么应慢慢加大基础感度（每次 10%～15%）直到松杆的瞬间出现振动的状态。此时再略微降低感度，直到前述的振动现象正好消失。此时即为合适感度，但飞行器改变姿态的速度变慢，可按照姿态感度调整方法来调整姿态改变速度。尾舵感度调整和普通锁尾陀螺的调试一样。如果想让打杆后反应速度快些，就加大感度；慢一些就降低感度。但多旋翼飞行器是靠桨翼旋转产生的反扭矩来改变航向角，而反扭矩的力度有限，因此过大的感度也不会引起像直升机机尾一样的振荡，而是会导致电动机在启动和停止时反应过于强烈，从而影响其他方向的稳定。

判断垂直感度是否合适，可以观察：

a. 油门杆在中位时，飞行器是否可以锁定当前高度；

b. 由于飞行器在飞航线时，飞行高度不会发生大幅变化，可以先慢慢增加该感度（每次 10%），直至出现上下振荡或油门杆反应过于灵敏，然后再减小 20%。此时为合适感度。

姿态感度决定打杆时姿态响应速度的快慢，感度越大，响应越快（图 4-29）。增大感度以获得更干脆的姿态响应，放手悬停时，飞行器回平的速度也越快。但感度太大会造成控制

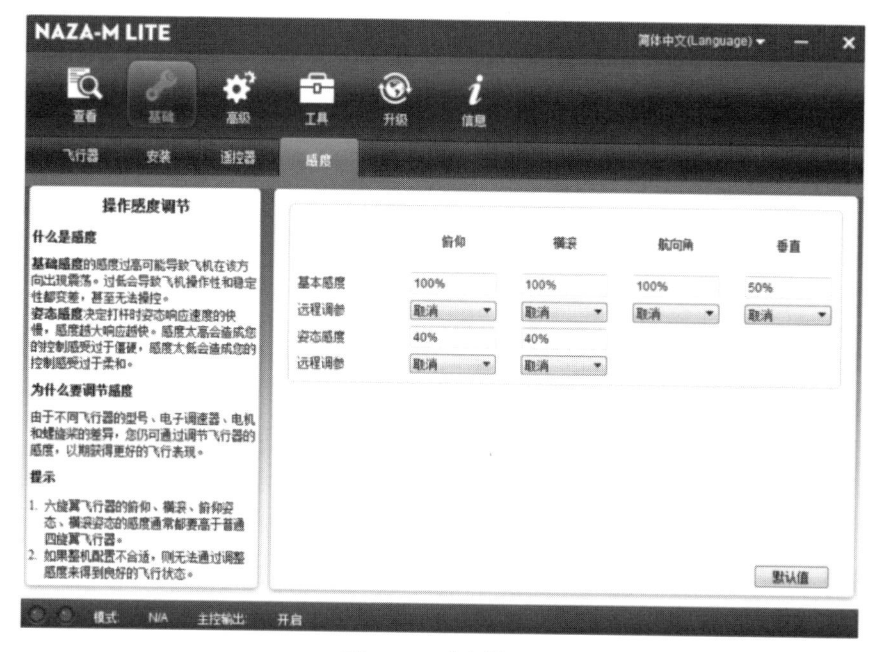

图 4-29　感度设置

感受过于僵硬，并且飞行器在飞行时会出现不稳定的晃动；感度太低则会造成控制感受过于柔和。

注意：

• 在第一次使用之前应先升级固件，之后在第一次调参时必须单击默认值。

• 垂直方向上的感度对手动模式没有影响。

• 飞行器的最后飞行性能，取决于飞控系统参数和飞行器的整机配置（包括机械机构、电动机、电调、桨翼、电池）。但是如果整机配置不合适，是无法通过调整飞控系统参数来得到良好的飞行状态的，所以如果对飞行性能要求较高，那么一定要选择已经过验证的整机配置。

提示：如果是新手，可以按如下方式调节基本参数。

• 参数每次调大 10%，直到多旋翼飞行器能够悬停或者出现轻微的抖动。

• 参数先减小 10%，直到飞行器能够悬停，再减小 10%。

可以利用远程调参通道在飞行过程中调节感度：

• 按照前述遥控接收机部分的说明正确安装和设置。

• 在想要调节的感度的远程调参选项中选择 X1 或 X2，一个通道对应一个感度。远程调节的范围是当前感度值的一半至两倍。

• 六旋翼飞行器的俯仰、横滚、俯仰姿态、横滚姿态的感度通常都要高于普通四旋翼飞行器。

⑤ 失控保护　任何控制模式下，当主控器失去控制信号时，该方式会被触发。信号丢失的情况有以下两种：

a. 遥控器和接收机之间的信号丢失，例如飞行器在遥控器通信范围之外，或遥控器故障等。

b. 主控器和接收机之间 A、E、T、R、U 通道中的一个或一个以上的连接断开。如果这种情况发生在起飞前，推油门杆后，电动机不会起转；如果发生在飞行过程中，失控保护模式将被触发，LED 灯将闪黄灯报警。切入手动或姿态模式后，主控器会退出增强型失控保护模式，此时用户将重新获得对飞行器的控制权如图 4-30、图 4-31 所示。

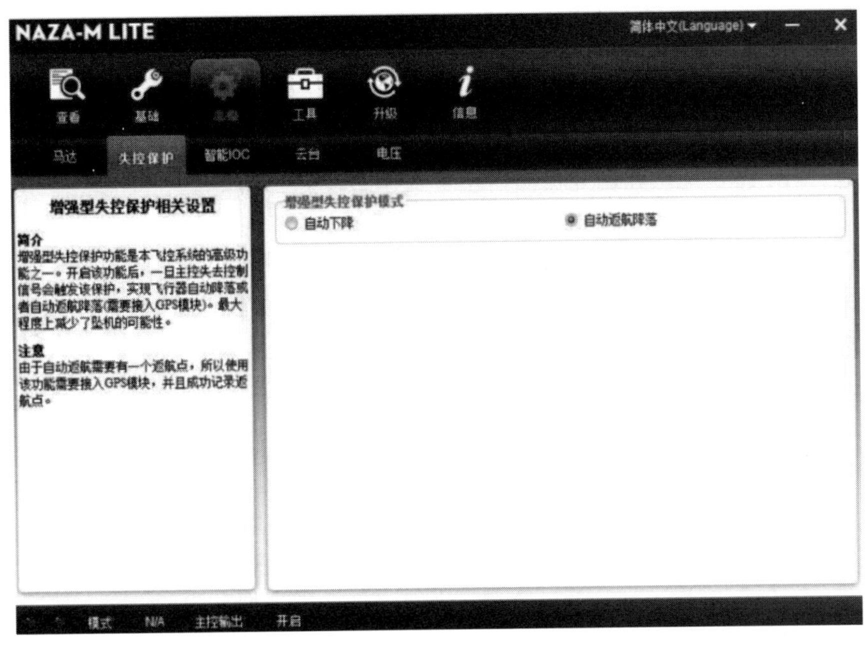

图 4-30　失控保护设置

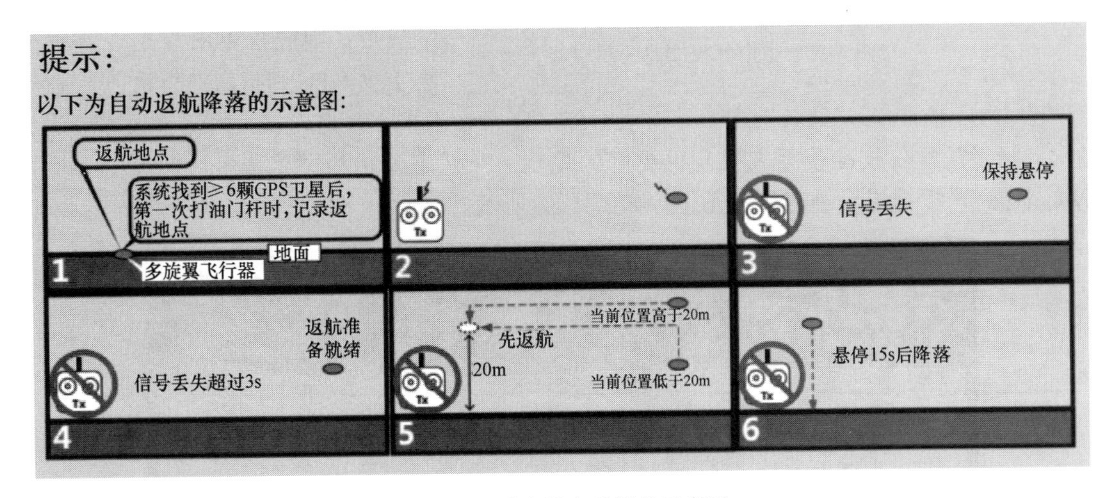

图 4-31　无人机自动返航示意图

⑥ 数字指南针校准　飞行器上的磁体或附近的磁场会影响指南针读取地球磁场，从而降低多旋翼飞行器的控制精准度甚至产生故障。通过校准，可以将这些影响降至最低，确保主控器在不理想的磁场环境中正常工作。

那么什么时间需要校准呢？在 NAZA-M LITE 初次安装时应进行校准。此外，一般包括以下几种情况。

a. 多旋翼飞行器的机械安装变化时。

b. GPS 指南针位置变更时。

c. 电子设备（如主控、舵机、电池等）添加、移除、移位时。

d. 多旋翼飞行器的机械结构变更时。

e. 多旋翼飞行器飞行发生漂移（不能直线飞行）时。

f. 飞行器调头、LED 指示灯显示姿态错误时（偶尔发生属正常）。

注意：

- 不要在强磁场区域内校准，强磁场区域包括磁矿、停车场、带有地下钢筋的建筑区域等。
- 校准时不要随身携带磁体，如钥匙、手机等。
- NAZA-M LITE 无法在南北极圈内正常工作。
- 无需完全水平或垂直旋转多旋翼飞行器，45°角以内即可。

校准步骤如下。

第 1 步：在手动模式与 GPS 模式之间来回快速切换控制模式开关 6～10 次，LED 指示灯黄灯常亮。

第 2 步：水平方向旋转飞行器（约 360°），直至绿灯常亮，然后进入下一步。

第 3 步：垂直方向（机头朝下）旋转飞行器（约 360°），直至绿灯熄灭，完成校准。

第 4 步：校准完成后，LED 指示灯会显示校准是否成功。如图 4-32 所示。

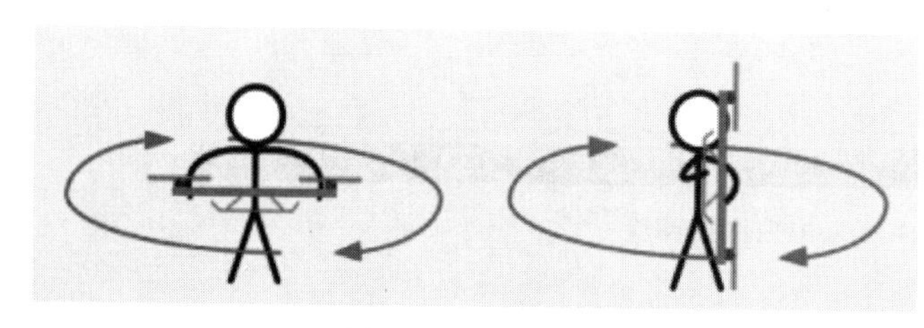

图 4-32 指南针校准

校准成功，校准模式将自动退出，LED 灯正常闪灯；红灯持续闪烁，校准失败。此时再切换一次控制模式取消当前校准状态，再从第 1 步开始重新校准。如果持续校准失败，则应检查附近是否有强磁场干扰 GPS 和指南针模块。

⑦ IMU 校准 IMU 校准主要针对飞行器悬停时在水平方向出现较大的漂移或者自旋的情况，通过陀螺仪校准使无人机获得更好的性能。在状态显示为“就绪”后，单击“检查 IMU 状态”，根据提示进行相应操作，如图 4-33 所示。

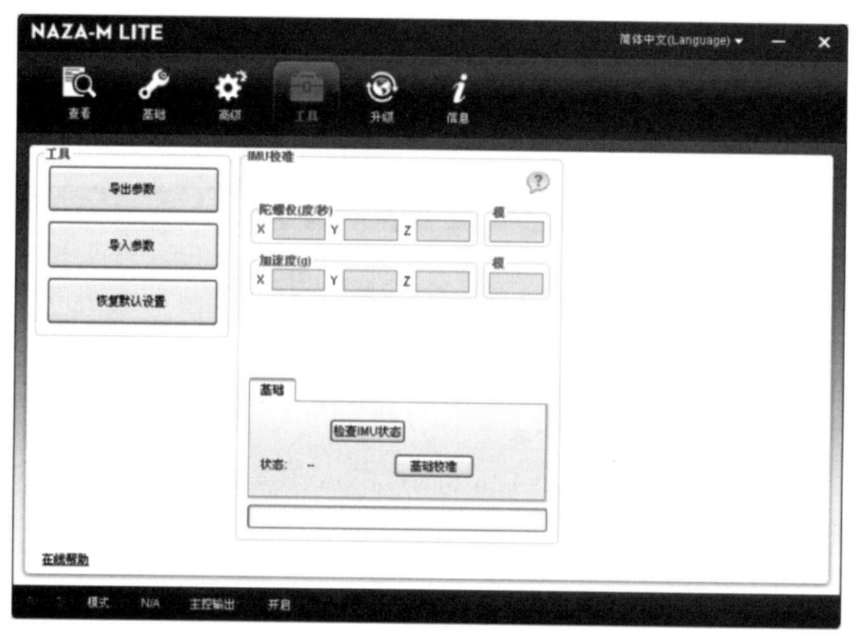

图 4-33 IMU 校准示意图

第 1 步：务必静止放置飞行器，连接调参软件。

第 2 步：单击“工具”中的“IMU 校准”选项，进入校准页面。

第 3 步：在状态显示为“就绪”后，单击“检查 IMU 状态”按钮。

第 4 步：系统进行检查并将提示是否需要校准。

第 5 步：如果提示 IMU 异常，请联系厂家或者代理商；如果提示 IMU 需要校准，请单击“基础校准”按钮；如果提示 IMU 正常，则无需校准。

注意：校准时无需完全水平放置飞行器，但是要求飞行器保持静止不动。静止状态下，陀螺仪在［－1.5，＋1.5］(°/s) 范围内正常；加速度 X、Y、Z 平方和为 1 左右正常。

4.4 实操飞行前的准备

实操飞行前需要确保已经正确组装多旋翼无人机，确保已经正确设置所有参数。以下任何一项错误都可能会导致严重的事故。

① 电动机转动反向。

② 螺旋桨安装错误。

③ 主控器安装错误。

④ 主控器和电调之间连接错误。

⑤ 在姿态模式和 GPS 模式下，油门杆在中位表示垂直方向的速度为 0。在飞行过程中，最好始终保持油门杆距熄火位置 10%满行程以上。

⑥ 切记先打开遥控器，然后启动多旋翼无人机。着陆后先关闭无人机，再关闭遥控器。

为了使无人机在操作的过程中安全、高效、稳定地飞行，通过细节的把控，做到各项检查指标参数处于正常值范围内，方可起飞。

（1）飞行前的检查

飞行前调试流程必须做到位，不得忽略调试流程的任何一个细节。在操作无人机飞行前应对无人机的各个部件做相应的检查，无人机的任何一个小问题都有可能导致在飞行过程中出现事故或损坏。因此在飞行前应该做充足的检查，防止发生意外。

1）外观机械部分的检查

① 通电前应先检查机械部分相关零部件的外观，检查螺旋桨是否完好、表面是否有污渍和裂纹等（如有损坏应更换新的螺旋桨，以防止在飞行中无人机振动太大导致意外）。检查螺旋桨旋向是否正确，安装是否紧固，用手转动螺旋桨查看旋转是否有干涉等。

② 检查电动机安装是否紧固、有无松动等现象（如发现电动机安装不紧固应停止飞行，使用相应工具将电动机安装固定好），用手转动电动机查看电动机旋转是否有卡涩现象、电动机线圈内部是否干净、电动机轴有无明显的弯曲。

③ 检查机架是否牢固、螺钉有无松动现象。

④ 检查无人机电池安装是否正确、电池电量是否充足。

⑤ 检查无人机的重心位置是否正确。

2）电子部分的检查

① 检查各个接头是否紧密，插头不焊接部分是否有松动、接触不良等现象（如杜邦线、XT60、T 插头、香蕉头等）。

② 检查各电线外皮是否完好，有无刮擦、脱皮等现象。

③ 检查电子设备是否安装牢固，应保证电子设备清洁、完整，并做好防护（如防水、防尘等）。

④ 检查电子罗盘指向是否和无人机机头指向一致。

⑤ 检查电池有无破损、鼓包胀气、漏液等现象。

⑥ 检查地面站屏幕触屏是否良好，各界面操作是否正常。

（2）通电后的检查

① 通电后，地面站应与无人机进行配对，点击地面站“设置”里的“配对”前，先插电源负极，点击“配对”插上正极，地面站显示配对即可。

② 电池接插时，要注意是串联电路还是并联电路，以免出现差错，导致电池烧坏或者是飞控烧坏。

③ 配对成功以后，先不装桨叶，解锁后轻微推动油门杆，观察各个电动机是否旋转正常。

④ 检查电调指示音是否正确，LED 指示灯闪烁是否正常。

⑤ 检查各电子设备有无异常情况（如异常振动、异常声音、异常发热等）。

⑥ 确保电动机运转正常后，点击地面站上的“磁罗盘校准”功能完成磁罗盘校准。

⑦ 打开地面站，检查手柄设置是否为美国手，检查超声波是否禁用，无人机的参数设置是否符合要求。

⑧ 测试飞行，以及航线的试飞，观察无人机在走航线的过程中是否需要对规划好的航线进行修改。

⑨ 试飞过程中，务必提前观察无人机运行灯的状态，以及地面站所显示的 GPS 星数，及时做出预判。

⑩ 飞行的遥控距离为无人机左、右两侧 6～7m，避免站在无人机机尾的正后方。

⑪ 完成以后，根据当天天气情况和风速，通电让 GPS 适应当前气象情况，以便无人机在作业时适应天气、完美飞行。

⑫ 起飞前必须确定 GPS 星数达到 17 颗及以上，观察周边情况后，方可起飞作业。

4.5 飞行安全和注意事项

无人机设备属于高度危险性设备，未经技术培训及取得相关合法证件禁止操作无人机作业，在飞行过程中，首要保证的就是人员安全，包括驾驶员安全以及飞行场地周边区域内人员安全。其次是保证设备安全，防止设备异常造成损害。还要保证无人机在作业区域内安全飞行，防止对周边设施、设备造成损害。

（1）无人机安全操作规范

① 无人机设备不适合未满 18 周岁及其他不具备完全民事行为能力的人士使用。

② 无人机具有较大的机身尺寸、高速旋转的螺旋桨和强大的飞行动力，在运行时具有一定的危险性，未按要求操作和使用无人机可能会发生危险和伤害。

③ 使用无人机时，远离机场、铁路、高速公路、高层建筑、电线等危险环境。

④ 使用无人机时，远离手机基站，大功率发射设备等高电磁干扰的环境。

⑤ 使用无人机时，远离军队及各种载人飞行器飞行区域。

⑥ 不要在下雨、雷电、沙尘、雾气、下雪、大风、低温等恶劣环境操作无人机。

⑦ 在高于 3000m 海拔以上飞行时，环境因素会导致飞行性能下降，应谨慎使用。

⑧ 操作无人机在低空飞行时，应始终保持无人机和人或动物保持 10m 以上的安全距离。

⑨ 在非人烟稀少的地区操作无人机时，始终保持无人机在驾驶员目视范围内飞行。

⑩ 不要将无人机悬停或飞越人群上空，不要以惊吓他人为乐。

⑪ 当有围观人群靠近时，为避免发生意外，尽快降落无人机并疏散围观人员。

⑫ 不要在儿童嬉戏的场所附近操作无人机。

⑬ 非极其必要情况，当无人机在空中飞行时不要关闭电动机。

⑭ 不可在饮酒、疲劳、服用药物、身体不适等情况下操作无人机。

⑮ 应在每次使用前对无人机进行检查，包括但不限于零部件的牢固度、机体和螺旋桨的裂痕和磨损、电池电量、指示灯的有效性等。当发现异常时，立即停止使用并更换相应件。

⑯ 工作状态异常的无人机可能会发生意外，切勿启动螺旋桨或强行带故障飞行。

⑰ 不要尝试阻止无人机工作中的任何运动部件。

(2) 无人机飞行过程中注意事项

① 驾驶员必须时刻关注无人机的姿态、飞行时间、无人机位置等重要信息。

② 远距离飞行时，通过对讲机要求安全员实时汇报无人机的实时状态。

③ 演示作业时，如有客户或围观群众，必须要求他们距离无人机达 10～15m，不得靠近，如有靠近，无人机不得起飞，保证安全。

④ 必须确保无人机有足够的动力能够安全返航。

⑤ 若进行超视距飞行，必须密切监视地面站中显示的无人机姿态、高度、速度、电池电压、GPS 卫星数量等重要信息。

⑥ 起飞后，必须一直关注无人机的飞行状态，实时掌握无人机的飞行数据，确保飞行时各项数据指标完好。

⑦ 若无人机发生较大故障甚至不可避免发生坠机时，要首先确保人员安全。

(3) 飞行降落后注意事项

① 无人机飞行结束降落后，必须确保遥控器已加锁，然后切断无人机电源。

② 飞行完后检查电池电量，检查无人机外观，检查机载设备。

③ 演示作业完成后应整理设备。

(4) 无人机维护注意事项

① 每隔两周对无人机进行一次大维保。

② 飞行任务完成后，必须立即清理无人机表面以及桨叶表面的残留和灰尘，防止无人机各金属连接处腐蚀老化，影响无人机的飞行安全。

③ 无人机大保养期间，为了保证无人机的飞行质量和安全，必须及时更换易损零件，提高无人机使用寿命。

④ 调试无人机时，必须确保螺旋桨未安装于电动机上（禁止螺旋桨安装在电动机上时进行无人机调试操作，否则有可能发生意外事故）。

⑤ 严禁近身起飞，无人机起飞必须保持距离 5m 以上。

⑥ 严禁在地面突然急推油门杆起飞，避免无人机姿态出错不可控撞向人群。

⑦ 严禁非测试驾驶员外其他人员擅动遥控器，避免误操作导致意外发生。

⑧ 严禁任何情况下用手接降落的无人机。

⑨ 严禁无人机降落后，桨未停转或未自锁时拿起无人机，务必保证无人机自锁后再进

行移动。

4.6 升降飞行

升降飞行属于基本飞行动作。

(1) 起飞（升高）训练

① 保持 LED 灯对着驾驶员。

② 掰杆解锁。

③ 推油门杆超过 50%。

④ 待无人机飞到 3m 高度时拉油门杆到 50%，保持无人机悬停，完成起飞。

练习时每次起飞均按起飞训练步骤操作，如无特别说明，每次训练以起飞训练结束的姿态开始，如图 4-34 所示。

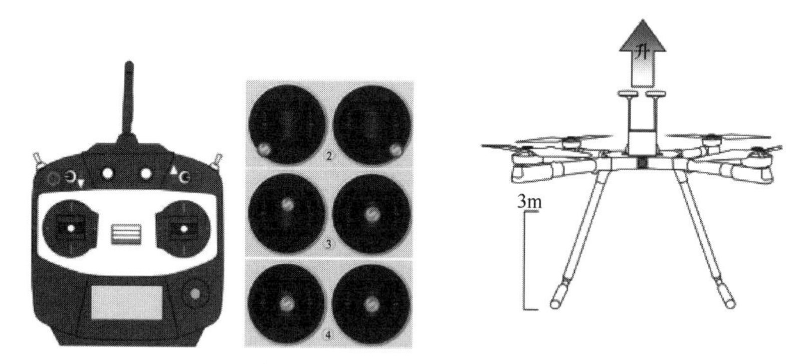

图 4-34　起飞（升高）训练

(2) 自动悬停模式降落（降高）训练

① 保持无人机自动悬停。

② 缓慢拉低油门杆，当无人机缓慢下降时保持油门杆位置不动，等待无人机降落。

③ 无人机落地后迅速把油门杆拉到底，等待电动机停转，完成降落，如图 4-35 所示。

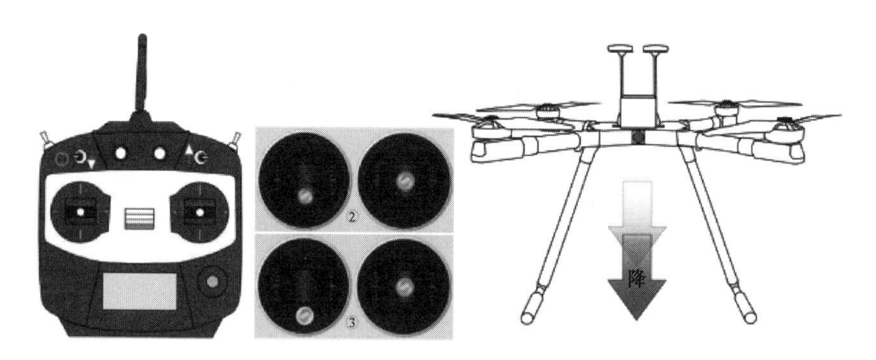

图 4-35　自动悬停模式降落（降高）训练

(3) 训练过程中注意事项

① 熟悉无人机，练习定点、定高、对尾悬停　我们需要专心盯住无人机，室外真实体验飞行与模拟器不同，需要注意人身安全，小心谨慎驾驶，左手（右手）可以小幅度匀速推油门杆，抓住无人机延迟的时间，掌握好行程量，不带舵，可以让无人机平稳停在一定高度

上。在熟悉控油的过程中，培养修舵意识，及时修正无人机悬停位置。

② 四位悬停　四位悬停即对尾悬停，对左（右）侧悬停，对头悬停，简称四位。完成对尾悬停后，即可进行四位练习后续位置操作，控制方向舵时应小舵量拉住匀速旋转。四位悬停主要难点是方向感及提前量问题，可以假想自己坐在无人机上，不管在哪个方位都当作在对尾飞，尝试小舵量修舵。

③ 八位悬停　八位悬停比四位悬停多了 4 个方位：左侧（右侧）对尾 45°、左侧（右侧）对头 45°，同样要求定点、定高。对头 45°修舵方法和对头相似，对尾 45°修舵方法和对尾相似。

④ 360°自旋　无人机飞到一定高度后进行对尾悬停，停稳后，拉住方向舵匀速，缓慢地旋转一周，同时控制加减油门、升降舵、副翼，小舵量轻修，高度上下波动幅度应小于 10cm。旋转一周用时要求为 6～20s。

⑤ 8 字航点及 8 字　将 8 字分为 15 个点，首先从右（左）开始对尾悬停，停稳后走出来转到对尾 45°，停住 10s，继续往前走转方向对侧停住 10s，以此类推，按对头 45°、对头、对头 45°、对侧、对尾 45°、对尾，另外一边同上。在每个点都能停住（8 字分解），再走起 8 字来，直到在每个方位都不感到陌生，知道怎么去修舵。8 字航点完成后，即可开始尝试走 8 字，走出悬停框开始匀速前进，打方向舵控制方向，沿着航点慢速前移，走出 8 字。

4.7 定点悬停

定点悬停训练：

① 起飞，保持 50%油门；

② 操纵副翼杆，练习移动无人机左右位置；

③ 操纵升降杆，练习移动无人机前后位置，最后把无人机移动到起飞点上空，完成定高移动训练，如图 4-36 所示。

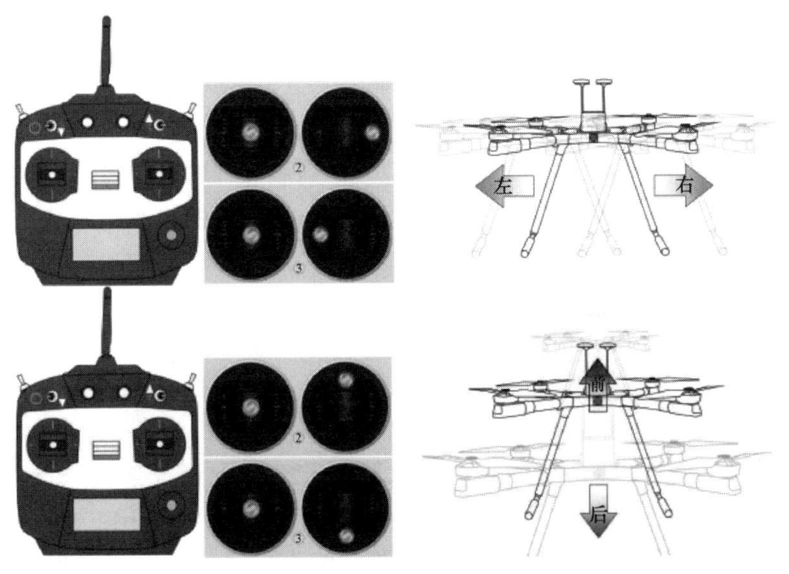

图 4-36　定点悬停训练

4.8 四位悬停

保持50%油门量，操纵无人机练习飞行矩形航线，高度不变，机头始终朝向无人机移动方向，综合练习基本操作。在每一个顶点位置保持悬停10s以上，然后飞向下一个目标点。最后操纵无人机飞回起飞点，使LED灯对着驾驶员，结束练习，如图4-37所示。

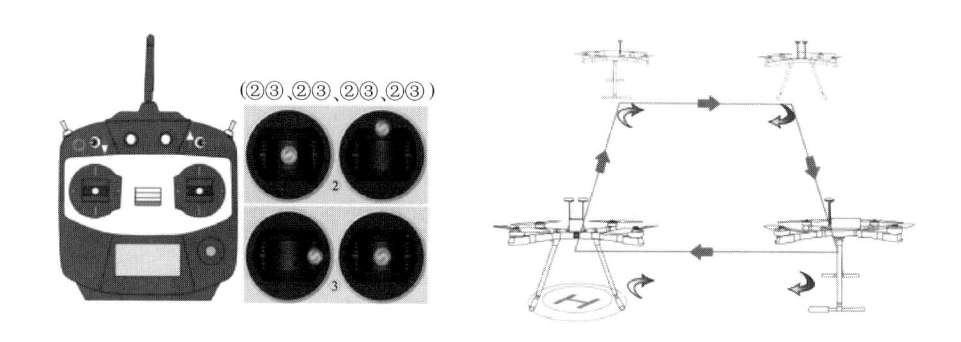

图4-37 四位悬停训练

四位悬停的主要难点是经常性地打反舵，要以无人机的方向为基准，想象自己就坐在无人机上面，千万不要以自己的方向为基准去修舵，这一点在之后的训练中会用到。千万不要想无人机向哪里飘我就向哪里打。在进行协调性训练时，如果双手无法一起打舵，需要双手习惯一起打舵，第一次使用油门杆时，可以练习左手前后打杆、右手左右打杆、打满舵并快速往复练习双手协调性，要求打直。

4.9 航线飞行

水平8字全称为匀速水平8字，为一个横向的水平阿拉伯数字8，我们需要从8的正中间出发，左侧画出一个圆，右侧画出一个圆，画8字过程中要保证无人机使用机头来压住8字轨迹，机头要不断旋转，不能不转方向仅靠升降副翼去画8字。

画8字过程中，左圈需要从对尾开始行进，回到中心桶时再次转成对尾，总共旋转一圈（360°），我们将这个圆四等分，在轨迹上的第一个标志桶上我们需要转到90°角，无人机为此时对侧方位，以此类推，第二个桶为对头方位，第三个桶为对侧方位，直到回到中心桶。

8字航点主要练习动作为飞至第一个目标点，悬停在目标点上方，要求方向正确、位置正确，保持10s以上，之后等待提示，通过后前往下一个目标点悬停，直到7个目标点全部完成悬停动作。前往目标点时，无人机需要的动作有2个：一是无人机向前行进的速度；二是无人机进行旋转的速度。两个舵相互配合，保证无人机飞至目标点上，如图4-38所示。

练习水平8字飞行时，经常会出现以下几种情况。

① 无人机经常会莫名的圈大，其原因一般有三点：一为方向舵未跟紧，全程偏慢，画

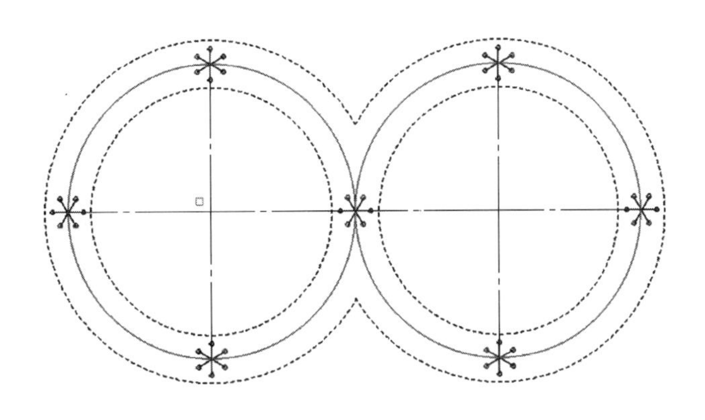

图 4-38 航线飞行示意图

的圆就会偏大；二是没有掌握好无人机开始旋转的时机，无人机在飞过目标点时，机尾离开桶的瞬间就要开始旋转，这个瞬间要掌握好；三是无人机在做圆弧运动时会出现离心力，导致无人机在侧滑而不是按圆弧向前，因此注意到无人机侧滑时要及时修正副翼控制弧线大小，如图 4-39 所示。

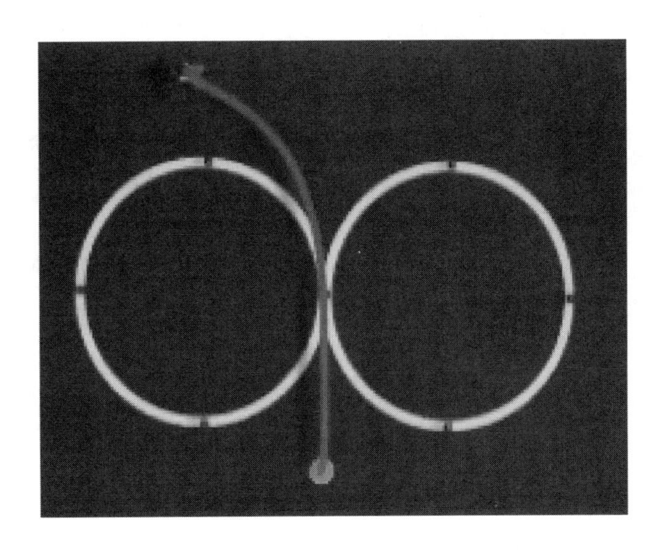

图 4-39 航线飞行圈大示意图

② 无人机速度控制不住，总是会冲过目标点，因此要注意控制速度，飞行时在两个桶中间应为 45°角，在这里就要提前准备在目标点进行悬停，并计算转至下一个目标点的所需方向和大小，打好提前量，控制无人机在飞至目标点前正好可以转正，不要等到飞至目标点临时再去转正，如图 4-40 所示。

③ 无人机总是停下，一般由于无人机在飞行时，我们的注意力集中在副翼上面，忽略了升降舵，两者配合不好，飞行 8 字时优先注意的是速度，其次是方向舵，只有方向舵当前位置正确时才可以去考虑副翼，方向不正确会导致副翼影响无人机前进的速度，例如无人机在对侧点时如果在圈外，方向正确时，只需要将副翼向中间拉就可以修正；但是在方向不正确的情况下修副翼，会导致无人机侧滑，可能沿着轨迹加速或减速，之后就较难控制，如

图 4-40 无人机速度控制不住示意图

图 4-41 所示。

④ 无人机在飞过对侧点后可能无法沿着轨迹行进，无人机在经过目标点时，需要提前一个机身位转正，不要等到无人机到点才想起来转正角度。保证无人机在经过目标点时前进的角度正确，不要出现侧滑的情况，径直经过桶后，在无人机机尾离开桶的时候要开始旋转，旋转过程中要保持匀速，升降速度及方向调整都不要停止，无人机可能会有侧滑的趋势，要多加留心，如图 4-42 所示。

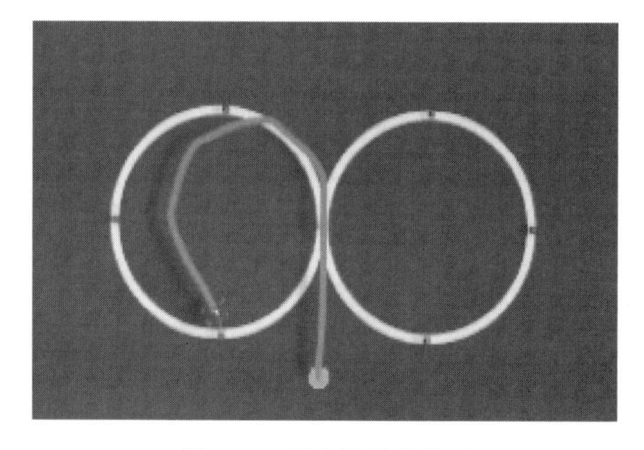

图 4-41 无人机总是停下

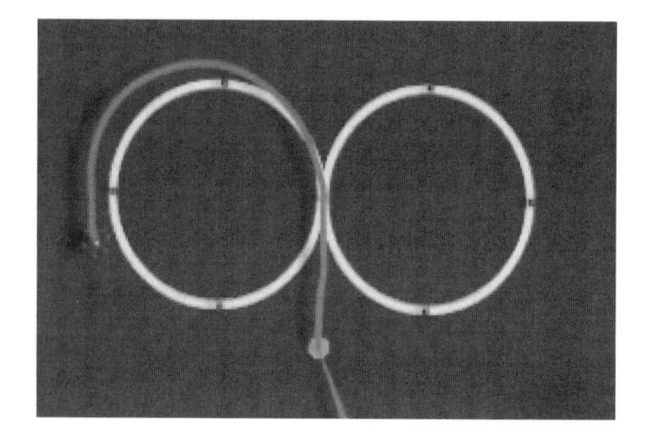

图 4-42 无人机在飞过对侧点后无法沿着轨迹行进

⑤ 收尾动作最后一个弧线容易发生侧滑，其主要原因集中在第三个弧线到对侧桶之间方向舵有停顿，以及最后的对侧桶方向不够两个方面。此时应注意从对头桶出桶的时机，出桶就开始转方向，并保证中途转到对侧桶前方向舵不要停，发现无人机在向自身的左、右两侧平移的时候跟上副翼抑制就可以避免，如图 4-43 所示。

⑥ 左圈与右圈之间的衔接时要注意以下几点：无人机在飞行完一侧后，在中心桶处要求对尾经过，首先收尾的弧线速度要控制住，然后在中心桶前方大概一个机身的位置就要转为对尾，之后再以对尾状态直线前进直到过桶，继续画另一侧的圆，无人机在出了对侧桶后就要开始向中心桶绕，不要让无人机出对侧桶飞行太远。如有侧滑要收副翼，修副翼时注意观察升降舵速度能否控制无人机继续向前行进，如果前行速度不够，一定要记着补升降，不要让无人机随惯性去飘，如图 4-44 所示。

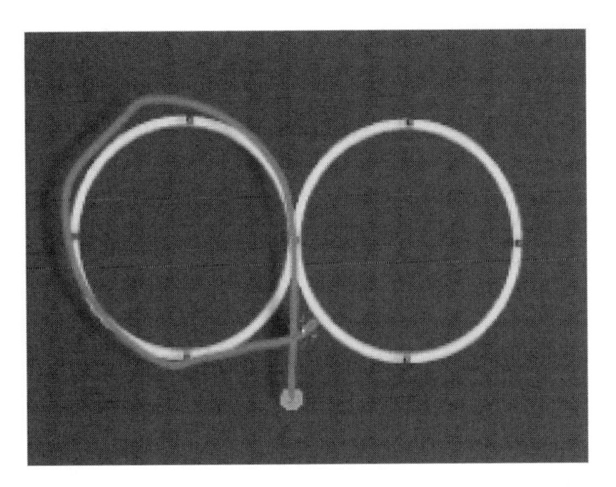

图 4-43 收尾动作最后一个弧线容易发生侧滑

图 4-44 左圈与右圈之间的衔接

本章小结

1. 多旋翼无人机飞行原理：多旋翼无人机通过调节多个电动机转速来改变螺旋桨转速，实现升力的变化，进而达到控制飞行姿态的目的。以四旋翼无人机为例，相邻电动机转向相反，无人机平衡飞行时，陀螺效应和空气动力扭矩效应全被抵消。一般情况下，多旋翼无人机可以实现4个方向上的运动，分别是垂直、俯仰、横滚和偏航。

2. 通过模拟飞行软件训练，同学们能够熟练使用遥控器及模拟软件，了解遥控器各摇杆功能及其他功能开关，能够对模拟软件进行基本使用和设置。在飞行训练中，需要完成四位悬停训练、360°悬停训练、航线飞行，其中航线包括4边航线、圆形航线、8字航线。

3. 以大疆 NAZA-M LITE 飞行控制器软件调试为例，同学们需要掌握多旋翼无人机常用飞行控制器软件调试方法。首先在大疆官网下载该软件并安装，正确连接飞行器，设置飞控基本参数，包括飞行器类型，主控及 GPS 安装位置，遥控器及接收机通道设置，操作感度调节，增强型失控保护相关设置等。同时要掌握飞控传感器校准方法，包括数字指南针校准、IMU 校准等。

4. 无人机实操飞行前需要确保已经正确组装多旋翼无人机，确保已经正确设置所有参数。无人机实操飞行前需要做好准备工作，飞行前检查包括外观机械部分检查以及电子部分检查。上电后检查包括地面站与无人机配对，电子设备是否有异常以及测试航线飞行，密切关注试飞过程中无人机状态是否正常。

5. 无人机设备属于高度危险性设备，一定要保障飞行安全。首先要保障人员安全，包括操控人员安全以及飞行场地周边区域内人员安全。其次是保证设备安全，防止设备异常造成损害。还要保证无人机在作业区域内安全飞行，防止对周边设施、设备造成损害。严格遵守无人机安全操作规范。

6. 完成无人机升降训练，包括起飞（升高）训练以及自动悬停模式降落（降高）训练。

7. 定点悬停训练，包括定高移动训练。

8. 四位悬停训练，要加强对方向感的训练，避免打错舵。

9. 航线飞行以匀速水平8字训练为主，它是一个横向的水平的阿拉伯数字8，飞行时从8字的正中间出发，左侧画一个圆，右侧画一个圆，画8字过程中要保证无人机使用机头压住8字轨迹，机头不断旋转，不能不转方向仅靠升降副翼去画8字。

习题

1. 简述多旋翼无人机的飞行原理。
2. 分别列举多旋翼无人机飞行中的主要运动形式。
3. 无人机模拟飞行软件训练包括哪几项?
4. NAZA-M LITE 有哪些主要部件?
5. 简述 NAZA-M LITE 飞行控制软件的调试过程。
6. NAZA-M LITE 飞控传感器校准包括哪几项?
7. 无人机实操飞行前需要做哪些准备?
8. 在操控无人机飞行过程中需要注意哪些问题?
9. 操控无人机需要进行哪几项实飞训练?
10. 如何完成航线飞行中匀速水平 8 字飞行?

第5章 固定翼无人机飞行

【内容提要】 本章按照由浅入深、由易到难的认知规律首先介绍固定翼无人机的构成及特点；其次介绍固定翼无人机的飞行原理、起降方式；然后介绍固定翼无人机实操飞行检查及注意事项；最后介绍固定翼无人机基础飞行和五边航线飞行。

固定翼无人机是依靠推进装置（前拉式螺旋桨或后推式螺旋桨）产生前进的动力，从而使无人机快速前行。当无人机获得了前进的速度后，由于气流作用到无人机的翼展上（伯努利原理），产生升力，当升力大于机身重力时，无人机处于上升飞行状态。固定翼无人机的左右（横滚）平衡依靠左右主机翼的掠角大小来调节，前后（俯仰）平衡依靠尾舵的掠角来调节，方向（航向）主要依靠垂向尾舵来调节，当然也是依靠横滚和俯仰组合动作来完成。

5.1 固定翼无人机的构成和特点

固定翼无人机（fixed-wing plane）是指由动力装置产生前进的推力或拉力，由机身的固定机翼产生升力，在大气层内飞行的重于空气的航空器。

5.1.1 固定翼无人机的构成

虽然目前固定翼无人机存在着多种多样、千奇百怪的形式，但大多数固定翼无人机还是按照较常规的几种布局设计。固定翼无人机机体通常由机翼、机身、尾翼、起落架和推进装置（动力装置）五部分构成，如图 5-1 所示。

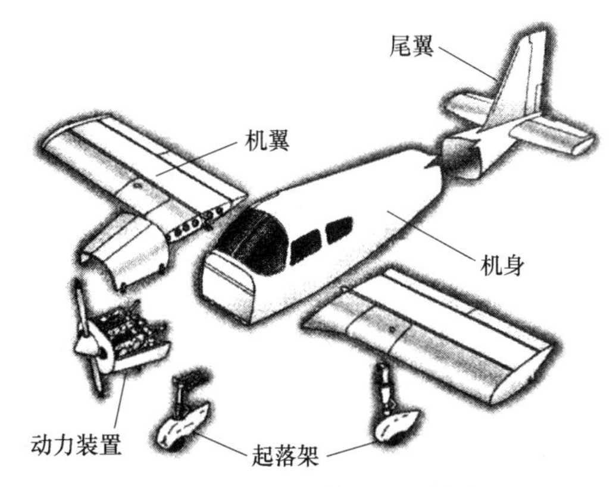

图 5-1 固定翼无人机构成

(1) 机翼

机翼是无人机产生升力的部件。发动机产生推力推动无人机向前，机翼与空气产生相对速度。由连续性原理和伯努利原理可知，机翼表面产生压力差从而产生升力。

机翼后缘有可操控的活动面，靠外侧的叫做副翼，用于控制无人机的滚转运动；靠内侧的则是襟翼，用于增加起飞着陆阶段的升力。机翼内部通常安装油箱，机翼下面则可供挂载副油箱和武器等附加设备。有些无人机的发动机和起落架也被安装在机翼下方。

机翼由一根或更多的沿机翼展向（根部到翼尖）的翼梁以及几个沿着弦向（前缘到后缘）的翼肋或肋组成。翼梁有上、下缘条，由坚固的腹板或撑杆连接起来。翼肋形成无人机机翼的空气动力学外形或翼型，并且作为一个刚性的结构或构架来构造，非常坚固，就像一个隔板。翼梁和翼肋之上的机翼蒙皮提供无人机的主要升力平面。蒙皮如果太薄，可以用较轻的长桁的展向部件来加强。翼梁、翼肋以及加强蒙皮的整体形成盒梁或扭矩盒，盒梁可能以悬臂梁形式与机身相连，或者从一侧翼尖连通到另一侧翼尖。

（2）机身

机身的主要功用是装载货物、设备、燃料和武器等，也是无人机其他结构部件的安装基础，将尾翼、机翼及发动机等连接成一个整体。

典型的机身结构是半硬壳结构，通常分为前部、中部和尾部三个部分。应力蒙皮的半硬壳结构中，机身蒙皮由一些沿机身方向的部件加强，当这些部件很轻时，它们被称为长桁；当其很重时，称为机身大梁。蒙皮的形状由一些横向的结构框或隔板来维持。主要的一根纵向机身梁称为龙骨。

（3）尾翼

尾翼是用来平衡、稳定和操控飞机飞行姿态的部件，通常包括垂直尾翼（垂尾）和水平尾翼（平尾）两部分。垂直尾翼由固定的垂直安定面和安装在其后部的方向舵组成，水平尾翼由固定的水平安定面和安装在其后部的升降舵组成。有型号的无人机升降舵由全动水平尾翼代替。方向舵用于控制无人机的航向运动，升降舵用于控制无人机的俯仰运动。

对于这种既有机翼又有平尾的无人机，称为“常规布局”。常规布局最大的优点是技术成熟，这是航空发展史上最早广泛使用的布局，理论研究已经非常完善，生产技术也成熟而稳定，同其他气动布局相比，各项性能比较均衡。世界上大多数飞机均属于这种气动布局，绝大多数固定翼无人机也是常规布局。

部分飞机将原本在机翼后面的尾翼移至机翼前面，称为“鸭翼”，这种布局的飞机称为“鸭式布局飞机”。也可以理解成主翼缩小、水平尾翼放大的常规布局。鸭翼布局的飞机在高速飞行时更加稳定，起降距离明显缩短，甚至机动性能比常规布局更加出色。这种布局在战斗机上应用最广，采用鸭式布局的有瑞典的JAS39，英国、法国、德国、西班牙联合研制的欧洲战斗机EU2000，法国的阵风，以色列的幼师，我国的歼-10等。

“三翼面”布局是增添鸭翼的同时保留了平尾，3个机翼用于更好地平衡分配载重，机动性能更好，对飞机的操控也更精准、更灵活，可以缩短起降距离。缺点是会增加阻力，降低空气动力效率，增加操控系统复杂程度和生产成本。目前俄罗斯苏27的改进型苏-30MK/33/34/35/37系列均采用这种气动布局。

“无尾”布局是既无平尾又无鸭翼。这种气动布局，主翼在机尾实际起到水平尾翼的作用。无尾布局的最大优点是高速飞行时性能优异，是最接近飞镖、导弹、火箭的气动布局。航天飞机采用的也是无尾布局。因为这是最适合高速飞行的布局，阻力小、结构强度大。由于没有水平尾翼，无尾布局大大减小了空气阻力，因为在常规布局中，从主翼表面流过来的气流会在水平尾翼形成阻力，同时为了平衡主翼的升力，水平尾翼其实一直充当一个“向下压”的角色，会损失掉一部分升力，所以与常规布局相比，无尾布局的空气动力效率要高很多，更适合高速飞行。无尾布局机翼承载重量更合理、机身链接结构更稳固。无尾布局的缺点是低速性能不好，影响到飞机的低速机动性能和起降能力。另外，无尾布局因为只能依靠主翼控制飞行，所以稳定性也不理想。无尾布局在欧洲应用最为普及，法国的幻影系列是典型的机型。

（4）起落架

起落架是用来支撑飞机停放、滑行、起飞和着陆滑跑的部件，由支柱、缓冲器、刹车装置、机轮和收放机构组成。陆上飞机的起落装置一般由减震支柱和机轮组成，此外还有专供水上飞机起降的带有浮筒装置的起落架和雪地起飞用的滑橇式起落架。

起落架按照布置形式可分为前三点式与后三点式两类。

① 前三点式起落架。前轮布置在无人机头部的下方，两个主轮保持一定距离并布置在无人机重心稍后处。无人机在地面滑行和停放时，机身基本处于水平位置，如图 5-2 所示。

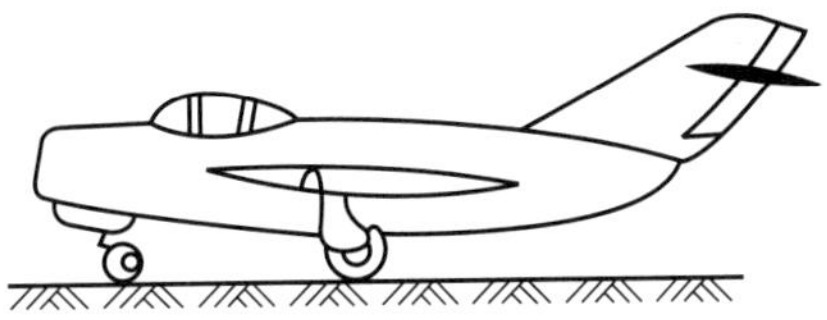

图 5-2　前三点式起落架

优点：

a. 无人机机身轴线接近水平，因此起飞滑跑阻力小，加速快，起飞距离短，纵转弯较为灵活。

b. 滑跑方向稳定。当机身轴线偏离滑跑方向时，主轮摩擦力的合力产生恢复力矩，使无人机回到原来的运动方向。无人机侧风着陆时较安全。当无人机着陆时，主轮着陆撞击力对无人机重心产生低头力矩，减小迎角，使无人机继续沿地面滑行而不致产生“弹跳”现象，因此着陆操纵比较容易。

缺点：

a. 前起落架承受的载荷相对来说会比较大。

b. 着陆滑跑时处于小迎角状态，不能充分利用空气阻力进行制动。

c. 在不平坦的跑道上滑行时，超越障碍的能力也比较差。

② 后三点式起落架。两个主轮左右对称布置在无人机重心稍前位置，尾轮布置在机尾。在降落状态时，无人机大部分的重量落在主起落架上，其余的一小部分由尾轮支撑来分担，如图 5-3 所示。

图 5-3　后三点式起落架

优点：

a. 后三点式起落架整体构造比较简单，重量也较轻。

b. 对于螺旋桨无人机来说，要产生大的推力，桨叶就需要安装得很大，这就迫使无人机在设计安装时需要提高螺旋桨发动机的离地高度，而正好装有后三点式起落架的无人机停留在地面时机头抬起很高，迎角很大，所以后三点式起落架更适合配置螺旋桨的无人机。正常着陆时，各机轮同时触地，这就意味着无人机在滑翔降落时的姿态与地面滑跑、停机时的姿态相同。

缺点：

a. 对起飞着陆的滑行速度及距离的要求很高。若着陆速度过大，主轮接地的冲击力会使无人机抬头迎角增加，引起无人机升力增大而重新离地，甚至会跳起后失速。

b. 在大速度滑跑时，遇到前方撞击或强烈制动，容易发生倒立现象。因此，为了防止倒立，后三点式起落架不允许强烈制动，因而使着陆后的滑跑距离有所增加。

c. 地面滑跑时方向稳定性差。如果在滑跑过程中，遇到侧风或者两轮受力不等等干扰的情况，会使无人机相对其轴线转过一定角度，这时在支柱上形成的摩擦力将产生相对于无人机质心的力矩，它使无人机转向更大的角度。

起落架按照结构又可以分为构架式起落架、支柱式起落架和摇臂式起落架三类：

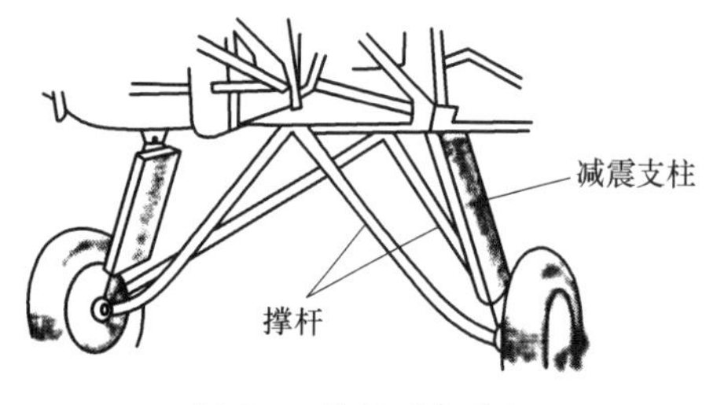

图 5-4 构架式起落架

① 构架式起落架。这种起落架主要特点是没有收放机构，又称为固定式起落架。它通过承力构架将机轮与机翼或机身相连。承力构架中的杆件及减震支柱都是相互铰接的。它们只承受各自轴线方向的轴向力，而不承受弯矩。常装有加强支柱，用以加大减震支柱受力的能力。具有结构简单、重量轻的优点，但飞行时会产生一定的阻力，如图 5-4 所示。

② 支柱式起落架。主要特点是减震器与承力柱合二为一，机轮直接固定在减震器的活塞杆上，由收放要求来决定减震支柱与机翼的连接形式。扭矩可通过扭力臂传递，也可以通过活塞杆与减震支柱的圆筒内壁来传递。这种形式的起落架构造简单、紧凑，易于收放，而且重量较小。支柱式起落架的缺点在于缓冲作用只能在减震支柱受轴向力时起作用，而当受到水平撞击时不能使减震支柱受轴向压缩，减震支柱将受弯矩，容易出现磨损及卡滞现象，会影响减震器的密封性能，如图 5-5 所示。

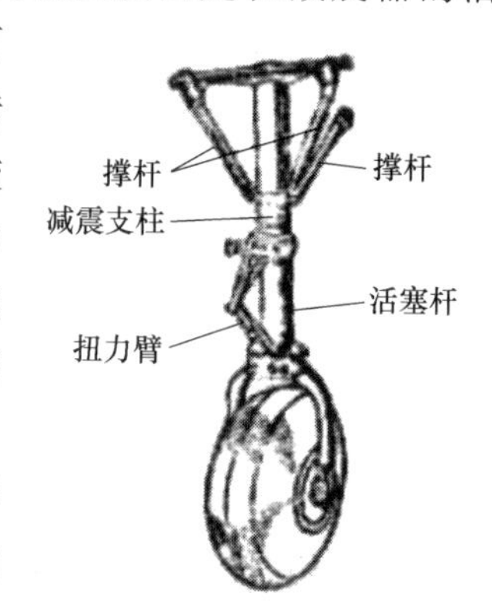

图 5-5 支柱式起落架

③ 摇臂式起落架。主要特点是机轮通过摇臂与减震器的活塞杆相连。减震器也可以作承力支柱。这种形式的活塞只承受轴向力，不承受弯矩，因而密封性能会更好，可加大减震器的初始压力，用以减小减震器的尺寸，克服了支柱式起落架的缺点，因而得到了广泛的应用。摇臂式起落架的缺点是构造较复杂，在使用过程中接头受力较大，磨损较大，如图 5-6 所示。

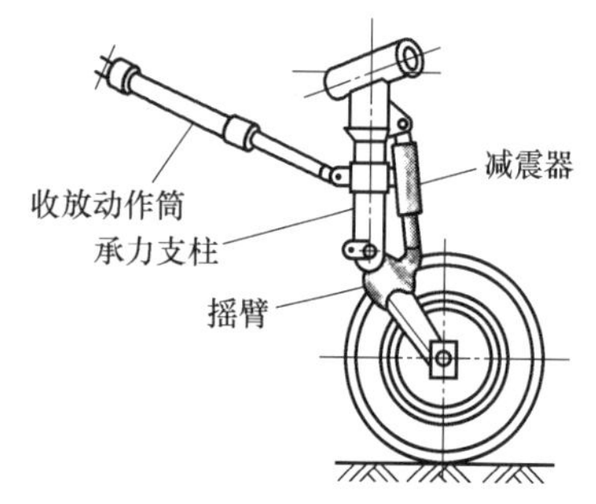

图 5-6 摇臂式起落架

(5) **推进装置**（动力装置）

推进装置的主要功能是提供可控的推力，使空气进出发动机，并为一些附属装置提供动力。推进系统由发动机、螺旋桨、发动机空气进气口和排气口、润滑系统、发动机控制系统、传动附件及传动机匣等组成。

无人机的推进装置系统的核心是发动机，还包括一系列保证发动机正常工作的系统，如发动机燃油系统、发动机控制系统等。其主要功能是用来产生拉力或推力，克服与空气相对运动时产生的阻力使无人机前进；还为无人机上的用电设备提供电力保障。

除此之外，固定翼无人机通常还有用来保证正常飞行与安全所需的导航系统、控制系统、通信系统等。

5.1.2 固定翼无人机的特点

固定翼无人机是目前应用最为广泛的无人机，其主要优点如下。

① 飞行速度快。固定翼无人机的飞行速度远高于直升机、多旋翼无人机。固定翼无人机也是三种飞行器（固定翼、直升机、多旋翼）中唯一可以实现超声速飞行的飞行器。

② 气动效率高、运载能力强。固定翼无人机是三种飞行器中气动效率最高的一种，其

升阻特性好、航程长、载重大、运输成本低。

缺点如下。

① 起降要求高。对固定翼无人机而言，必须要有一定的初速度才能够在机翼表面产生足够使无人机起飞的升力，这个初速度通常需要滑跑或者利用弹射装置来获得。在降落时则需要减速，减速方法包括滑跑减速或利用减速伞、阻拦网等其他减速装置减速。

② 无法悬停。

5.2 固定翼无人机的飞行原理

5.2.1 空气动力定理

无人机是重于空气密度的飞行器，当无人机在空中飞行时，就会产生作用于无人机的空气动力，无人机就是靠空气动力升空飞行的。在了解无人机升力和阻力的产生之前，还需要明白空气流动的特性，即空气流动的基本规律。流动的空气就是气流，属于流体，这里要引用两个流体定理：连续性定理和伯努利定理。

(1) 流体的连续性定理

当流体连续不断而稳定地流过一个粗细不等的管道时，由于管道中任何一部分的流体都不能中断或挤压起来，因此在同一时间内，流进任一截面的流体的质量和从另一截面流出的流体质量是相等的，如图 5-7 所示。

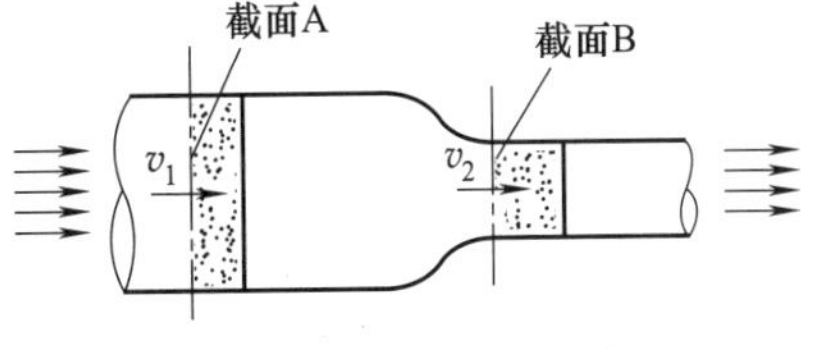

图 5-7　连续性定理示意图

设想在稳定流动的流体中，截取一个截面积很小的流管，在流管中取任意两个截面 A、B，它们的面积分别为 S_1 和 S_2，要求所有通过 S_1 的流体都有相同的速度 v_1，通过 S_2 的流体都有相同的速度 v_2，那么定义：在某一时间里，通过某一横截面的流体体积和时间的比叫做通过这个截面的流量。如果用 Q 表示在时间 t 内通过截面 S 的流量，那么 $Q=V/t$。式中，V 为通过截面 S 的流体的体积，并从此式可以看到流量的单位应该是 m^3/s。因为在稳流中流体经过任一固定点的速度不随时间变化，所以在任意时间 t 内经过 S 面的流体长度 $l=vt$，这段时间内流过的流体的体积 $V=Svt$，所以 $Q=V/t=Svt/t=Sv$。若 V 的单位为 m^3，那么 S 的单位为 m^2，v 的单位是 m/s。设想在所截取的流管中，通过截面 S_1 处的流量为 Q_1，$Q_1=S_1v_1$，同理 $Q_2=S_2v_2$，由于理想流体具有不可压缩性，而且流体不会穿过流管的外壁，即质量在运动过程中守恒，所以 $Q_1=Q_2$，即 $S_1v_1=S_2v_2$，这个关系式叫做理想流体的连续性定理或连续性方程。

从上述关系式可以得出：在同一流管内，流体的流速和它流经的截面积是成反比的，即截面积大的地方流速小，截面积小的地方流速大。如果流管的两处截面积相等，那么流体流过的速度也相同。

连续性定理阐述的是流体在流动中流速和管道切面之间的关系。然而，流体在流动中，流速和压力之间也存在联系。伯努利定理就是要阐述流体在流动中流速和压力之间的关系。能力守恒定律是伯努利定理的基础。

(2) 伯努利定理

流体在一个流管中流动时，流速小的地方压力大，流速大的地方压力小，如图 5-8

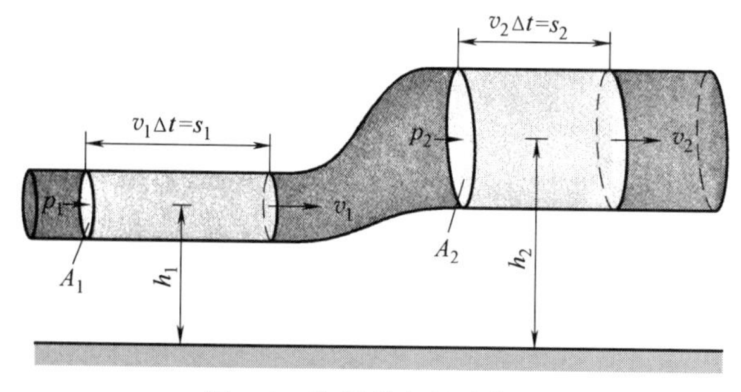

图 5-8 伯努利定理示意图

所示。

根据伯努利定理可以推出一系列重要结果。例如，考虑大容器内的水在重力作用下的小孔出流问题。由伯努利定理可推出著名的托里拆利公式为

$$h+\frac{p_a}{\rho g}+0=0+\frac{p_a}{\rho g}+\frac{v^2}{2g} \quad (5\text{-}1)$$

故得 $$v=\sqrt{2gh} \quad (5\text{-}2)$$

式中，v 为小孔处的流速，单位为 m/s；h 为容器内水面到小孔的距离，单位为 m。

由此可见，小孔处水的流速和质点从液面自由下落到达小孔时的速度相同，如图 5-9 所示。

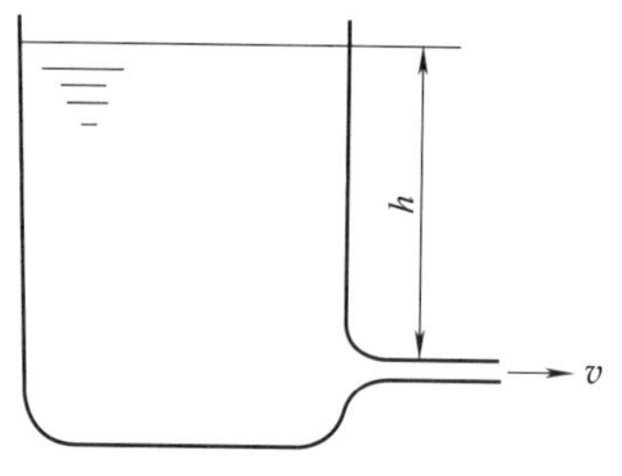

图 5-9 托里拆利公式示意图

流体受阻后在前缘驻点处滞止为 0。由伯努利定理推出，在驻点处的压力为 $p_0=p_\infty+\frac{\rho v^2}{2}$，即总压 p_0 刚好等于静压 p_∞ 和动压$\frac{\rho v^2}{2}$之和。此外，应用伯努利定理还可以阐明，无人机在飞行时，受到气流吹过机翼，下表面的流速较上表面的低，因而推出，下表面的压力将高于上表面的压力，由此产生了向上的升力。

伯努利定理在水力学和应用流体力学中有着广泛的应用。不仅如此，由于它是有限关系式，常用它来代替运动微分方程，因此在流体力学的理论研究中也有重要意义。

在真实流体中机械能沿流线不守恒，黏性摩擦力所做的功耗散为热能。因此在黏性流体中推广伯努利定理时，必须考虑阻力造成的能量损失。

固定翼无人机的升力绝大部分是由机翼产生的，尾翼通常产生负升力来控制机头俯仰，无人机其他部分产生的升力很小，一般不考虑。空气流到机翼前缘，分成上、下两股气流，分别沿机翼上、下表面流过，在机翼后缘重新汇合向后流去。机翼上表面比较凸出，产生的流管较细，说明流速较快，压力降低。而位于机翼下表面的气流受阻挡作用，流管变粗，流速较慢，压力增大。这就应用到上述两个定理。机翼上、下表面出现压力差，垂直于相对气流方向的压力差的总和就是机翼的升力。这样重于空气的无人机便可以克服自身重力借助机翼上获得的升力飞行。

5.2.2 阻力

无人机飞行在空气中时会遇到各种阻力，阻力是与无人机运动方向相反的空气动力，它阻碍无人机前进，因此需要对它有所了解。阻力按产生的原因可分为摩擦阻力、压差阻力、诱导阻力和干扰阻力。

(1) 摩擦阻力

空气的物理特性之一就是黏性。当空气流过无人机表面时，由于黏性，空气与无人机表面发生摩擦，产生一个阻止无人机前进的力，这个力就是摩擦阻力。摩擦阻力的大小，取决于空气的黏性、无人机的表面状况和表面积。空气黏性越大，无人机表面越粗糙，无人机表面积越大，摩擦阻力就越大。

(2) 压差阻力

压差阻力是指由前后压力差形成的阻力。无人机的机身、尾翼等部件都会产生压差阻力。

(3) 诱导阻力

升力产生的同时还对无人机附加了一种诱导出来的阻力称为诱导阻力。

(4) 干扰阻力

无人机各部分之间因气流之间的相互干扰而产生的一种额外阻力就是干扰阻力。这种阻力产生在机身和机翼、机身和尾翼以及机翼与机翼之间。

5.2.3　飞行姿态原理

当需要控制固定翼无人机向上升或者向下降时，应该绕 Z 轴（俯仰轴）顺时针或者逆时针飞行；当改变固定翼无人机机头朝向时，应该绕 Y 轴（偏航轴）顺时针或者逆时针飞行；当控制固定翼无人机机身滚转时，应根据需要的方向做出绕 X 轴（滚转轴）顺时针或者逆时针滚转的指令，如图 5-10 所示。

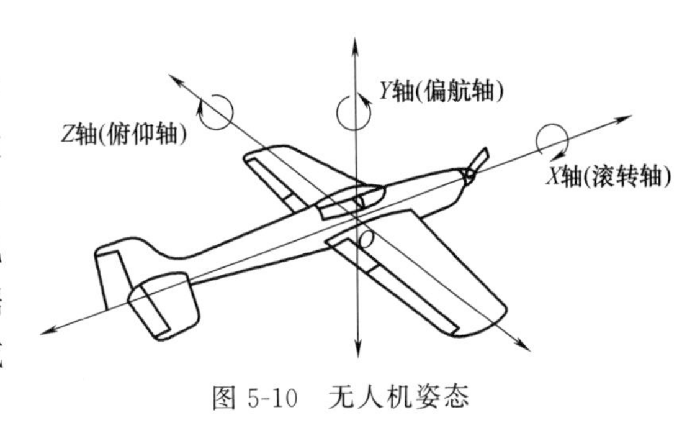

图 5-10　无人机姿态

5.3 起降方式

5.3.1　起飞方式

固定翼无人机相比于旋翼机，关键的不同之处就在于起飞。固定翼无人机最常见的起飞方式为起落架滑行起飞，随着技术的发展又衍生出了垂直起飞、空投、轨道弹射起飞、手抛等起飞方式。

(1) 起落架滑行起飞

起落架滑行起飞是固定翼无人机最常见的起飞方式，安全性高，机动灵活性差，适合军用无人机。民用领域多数并不具备足够的起飞空间，因此一定程度上限制了固定翼无人机在民用领域内大范围推广。这种起飞方式与有人机相似，但不同之处有以下几点。

① 有些无人机采用可弃式起落架，在无人机滑跑起飞后，起落架便被扔下，回收无人机时，采用别的方式。

图 5-11　起落架滑跑起飞

② 大多数无人机，尤其是小、微型无人机，采用固定起落架，航程较远和飞行时间较长的大、中型无人机采用可收放起落架。

③ 起飞滑跑跑道短，对跑道的要求也不如有人机那样严苛，例如，美国的“秃鹰”、巴西的 BQM-1BR 采用可弃式起落架。起落架滑跑起飞如图 5-11 所示。

(2) 垂直起飞

固定翼无人机垂直起飞有两种情况：

① 无人机在起飞时，以垂直姿态安置在发射场上由无人机尾支座支撑无人机，在机上发动机作用下起飞；

② 在机上配备垂直起飞用的发动机，在该发动机推力下，无人机垂直起飞。

固定翼无人机垂直起飞如图 5-12 所示。

(3) 空投起飞

空投方式是指借助母机搭载固定翼无人机升空，到达一定空域后释放，从而完成固定翼无人机的发射工作，如图 5-13 所示。比较典型的是波音公司推出的无人机发射和回收系统 FLARES。FLARES 类似大型四旋翼无人机，既可以作为固定翼无人机的发射台，又可以回收无人机。

图 5-12 固定翼无人机垂直起飞

图 5-13 空投起飞

(4) 轨道弹射起飞

轨道弹射是指借助轨道仪器，靠外力（如气/液压、电磁等）使滑车托举着无人机在导轨上加速，从而让无人机获得平飞速度，顺利出架，如图 5-14 所示。例如电动机动力的弹射系统一般由滑行轨道、小车、牵引钢丝、缓冲橡皮筋、电动绞盘、电动机减速机构、开锁装置等构成。滑车的牵引力源于高扭矩电动机，开锁装置与电源开关联动，合理的电动机减速比使电动绞盘的转速和扭矩满足滑车前进的力量和速度需求。轨道弹射起飞机动灵活，适用于民用领域，但第一次弹射前准备和调试时间较长，且弹射设备体积较大，运载比较麻烦。

图 5-14 轨道弹射起飞

(5) 手抛起飞

手抛式最为简单，与放飞纸飞机类似，如图 5-15 所示，适用于重量轻、尺寸小的微型无人机，例如美国的“大乌鸦”“指针”和英国的 MSV-10 无人机。

5.3.2 回收

无人机的回收方式可归纳为起落架滑跑着陆回收、垂直着陆回收、拦阻网或“天钩”回收等。有些小型无人机在回收时不用回收工具而是靠机体某部分直接触地回收，采用这种简单回收方式的无人机通常是体重小于 10kg、最大特征尺寸在 3.5m 以下的无人机。例如，英国的 UMACⅡ飞翼式无人机，完成任务后靠机腹着陆回收。

图 5-15　手抛起飞

(1) **起落架滑跑着陆回收**

这种回收方式与有人机相似，但不同的是以下几点。

① 对跑道要求不如有人机严苛。

② 有些无人机的起落架局部被设计成较脆弱的结构，允许着陆时撞地损坏，吸收能量。

③ 为缩短着陆滑跑距离，有些无人机（例如以色列的“先锋”“猛犬”“侦察兵”等）的机尾装有尾钩，在着陆滑跑时，尾钩钩住地面拦截绳，大大缩短了着陆滑跑距离。

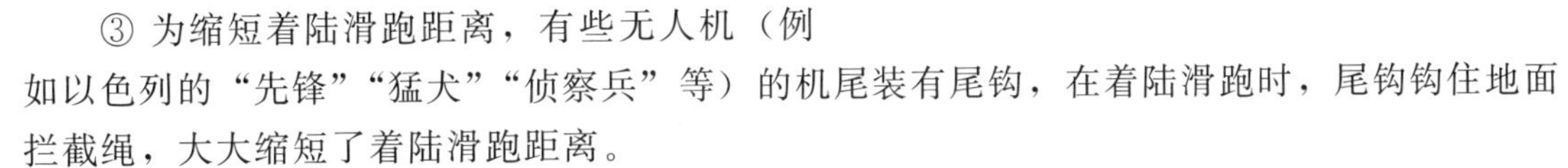

(2) **垂直着陆回收**

垂直着陆回收只需小面积回收场地，因不受回收区地形条件的限制而特别受到青睐。固定翼无人机垂直着陆方式的特点是以发动机推力直接抵消重力。这种着陆方式又可分为两类。

① 在无人机上配备着陆时用的专用发动机，着陆时控制机上的主发动机推力的垂直分力和专用发动机推力，在其共同作用下，减速、垂直着陆。

② 在回收时成垂直状态，在发动机推力的垂直分力作用下，减速、垂直着陆。

(3) **拦阻网或“天钩”回收**

① 拦阻网回收。用拦阻网系统回收无人机是目前小型无人机较普遍采用的回收方式之一。拦阻网系统通常由拦阻网、能量吸收装置和自动引导设备组成。能量吸收装置与拦阻网相连，其作用是吸收无人机撞网的能量，免得无人机触网后在网上弹跳不停，以致损伤。自动引导设备一般是一部置于网后的电视摄像机，或是装在拦阻网架上的红外接收机，由它们及时向地面站报告无人机返航路线的偏差。

② “天钩”回收。天钩属于拦阻网的一种，“天钩”回收如图 5-16 所示。

图 5-16　“天钩”回收

5.4 实操飞行检查和注意事项

初学者进行实操飞行一定要耐心细致，循序渐进，不能急躁和粗心大意。前几次试飞一定要在教师指导下进行，一般通过多次训练才能逐渐入门。固定翼无人机飞行时需要特别强调的一点是：迎风起飞，迎风降落。另外，还需要注意飞行前、飞行中、飞行后一定要充分做好以下检查和注意事项。

5.4.1 飞行前检查和注意事项

① 飞行前进行全面的设备检查。

② 确保电池电量充足。

③ 飞行前应从地图上对飞行区地形地势进行初步了解，选择一个开阔无遮挡的场地进行飞行。不要超过安全飞行高度（相对高度120m）。

④ 对无人机的检查：检查部件的衔接是否牢靠（检查螺旋桨和电动机是否安装正确和稳固，并确认正旋和反旋螺旋桨安装位置正确。检测时切勿贴近或接触旋转中的电动机或螺旋桨，避免被螺旋桨割伤），布线是否安全，机载设备是否工作正常（主控器、电池以及所有部件供电量充足）。

⑤ 对遥控器的检查：检查遥控器操控模式（美国手、日本手和中国手等）、信号连接情况、电量是否充足、各键位是否复位以及天线位置等。

⑥ 对地面的检查：地面通信、操作系统（地面站）工作是否正常。

⑦ 对环境的检查：检查周围环境是否适合作业，恶劣天气下请勿飞行，如大风（风速五级及以上）、下雪、下雨或有雾天气等。检查起降场地是否合理（选择开阔、周围无高大建筑物的场所作为飞行场地。大量使用钢筋的建筑物会影响指南针工作，而且会遮挡GPS信号，导致无人机定位效果变差甚至无法定位。确认空域申报）。

5.4.2 飞行中的注意事项

① 手动飞行应时刻清楚无人机的姿态、飞行时间和无人机位置等重要信息。

② 确保无人机和人员处于安全距离。

③ 确保无人机有足够的动力能够安全返航。

④ 无人机要在视线范围内飞行，时刻保持对无人机的控制。

⑤ 在GPS信号良好的情况下飞行。

⑥ 若进行超视距飞行，应密切监视地面站中显示的无人机姿态、高度、速度、电池电压和GPS卫星数量等重要信息。

⑦ 若无人机发生较大故障不可避免地发生坠机时，要首先确保人员安全。

⑧ 在条件允许的情况下，操控人员应在上风处或背对阳光操控飞机。

⑨ 严禁在温度过高的情况下连续飞行。

⑩ 自主飞行时，地面站人员通过链路观察，勤观察无人机姿态，驾驶员随时操作遥控器，遇到突发情况能及时进行手动控制。

5.4.3 飞行后检查和注意事项

① 无人机飞行结束降落后，确保遥控器已加锁，后切断无人机电源，再切断遥控器电源，然后关闭其他各类电子设备电源。

② 整理飞行的各种信息，方便下次飞行。

③ 将电池电压控制在保存电压，否则会对电池的使用寿命产生影响。

④ 对无人机进行整体的检查。

⑤ 对无人机搭载的各种电子设备进行检查。

⑥ 部分设备或者部件需要拆下单独保存。

⑦ 油机在飞完后，需要抽空油。

⑧ 对无人机及其设备进行保养，如果长时间不使用，需要定期保养。

5.4.4　安全飞行原则

安全飞行原则：军事管制区不飞；机场净空区不飞；雷达站附近不飞；人员密集区不飞；涉密敏感区不飞；高压线附近不飞；高层建筑密集区不飞；设备故障不飞；陌生环境不飞；复杂气象条件不飞；涉及易燃易爆危险化学品区不飞。

5.5 基础飞行训练

5.5.1　地面滑行

地面滑行的目的是让无人机达到起飞的初始速度，让无人机顺利起飞，以及降落的时候让无人机停在指定的位置。

地面滑行主要由起降操作手执行。主要通过左右控制方向舵摇杆操纵。往往我们将起落架的方向轮与方向舵用同一舵机来控制，控制无人机滑行的方向与控制方向舵的手法一致；在大型的固定翼无人机上一般会用一个独立的舵机来控制起落架方向轮，这时候需要将此舵机与垂直尾翼舵面舵机混控，操作手法与方向舵的控制方式相同。

5.5.2　爬升

爬升主要由飞行操作手执行。各高度爬升均保持节风门开度在 100%。爬升时保持飞行姿态的方法与平飞基本相同，其特点如下。

① 根据地面站地平仪位置关系检查与保持俯仰状态。根据当时的飞行高度将俯仰角保持到理论值（如＋2°），使用姿态遥控控制。如俯仰角高或低，应柔和地向前顶杆或向后带杆，保持好正常的关系位置，如图 5-17 所示。

② 大、小型无人机爬升时，油门较大，螺旋桨扭转气流作用较强，左偏力矩较大，必须适当扭右舵，才能保持好飞行方向。

③ 爬升中，如速度变小太多，应迅速减小俯仰角。

④ 长时间爬升，发动机温度容易过高，要注意检查和调整。

图 5-17　满油门时陡坡度和一般坡度爬升

5.5.3　定高平飞

平飞主要由飞行操作手执行。各高度平飞均保持节风门在适当位置（如 45%）。

平飞时应根据地面站地平仪位置关系，判断无人机的俯仰状态和有无坡度；根据目标点方向，判断飞行方向；不断检查空速、高度和航向指示，同时观察发动机指示，了解发动机工作情况。如图 5-18 所示。

图 5-18　平飞姿态

平飞时，作用在无人机上的各力和各力矩均应平衡。无人机的平衡经常受各种因素的影响而被破坏，使飞行状态发生变化。飞行中，应及时发现和不断修正偏差，才能保持好平飞。其主要方法如下。

① 根据地平仪位置关系检查并保持俯仰状态。根据当时的飞行高度将俯仰角保持到理论值，使用姿态遥控控制。如俯仰角高或低，应柔和地向前顶杆或向后带杆，保持正常的位置关系。

② 根据无人机标志在地平仪天地线上是否有倾斜来断无人机有无坡度。如有坡度，向影响无人机倾斜的反方向适当压杆修正。无人机无坡度时，注意检查航向变化。如变化较大，应向反方向轻轻扭舵杆，不使无人机产生侧滑。

③ 根据目标点方向与无人机轨迹方向，检查并保持飞行方向。如无人机轨迹方向偏离目标点，应检查无人机有无坡度和侧滑，并随即修正。如果轨迹方向偏离目标 5°以内，应柔和地向偏转的反方向适当扭舵杆，当轨迹方向对正目标点时回舵；如偏离目标超过 5°，应协调地适当压杆扭舵，使无人机对正目标，然后改平坡度，保持好预定的方向。

④ 由于侧风影响，会使无人机偏离目标。此时应用改变航向的方法修正。

5.5.4　下降

各高度下降时均应保持节风门在适当位置，如图 5-19 所示。

下降时保持飞行状态的方法与平飞基本相同，其特点如下。

① 根据地平仪位置关系检查并保持俯仰状态。根据当时的飞行高度将俯仰角保持到理论值（如－3°），使用姿态遥控控制。如俯仰角高或低，柔和地向前顶杆或向后带杆，保持正常的位置关系。

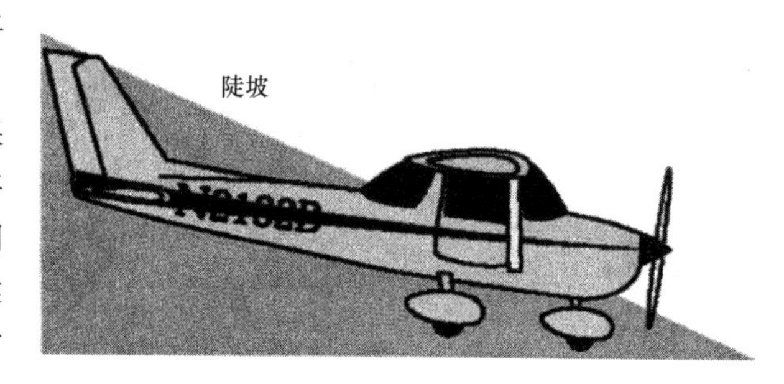

图 5-19　下降中的无人机

② 大、小型无人机下降时，由于收小油门后，螺旋桨扭转气流减弱，无人机有右偏趋势，必须抵住左舵，以保持飞行方向。

③ 下降中速度过大时，应适当增加带杆量，减小下滑角。

5.5.5　平飞、爬升、下降三种飞行状态的变换

① 爬升转平飞。注视地平仪，柔和地松杆，然后收油门至 45%。当地平仪的位置关系接近平飞时，保持，使无人机稳定在平飞状态。如果要在预定高度上将无人机转为平飞，应在上升至该高度前 10～20m 开始改平飞。

② 平飞转下降。注视地平仪，稍顶杆，同时收油门至 15%。当地平仪的位置关系接近下降时，保持，使无人机稳定在下降状态。

③ 下降转平飞。注视地平仪，柔和地加油门至 45%，同时拉杆。当地平仪的位置关系

接近平飞时，保持，使无人机稳定在平飞状态。如果要在预定高度上将无人机转为平飞，应在下降至该高度前20～30m开始改平飞。

④ 平飞转爬升。注视地平仪，柔和加油门至100%，同时稍拉杆转为爬升。当机头接近预定状态时，保持，使无人机稳定在爬升状态。

5.5.6 转弯

转弯是改变飞行方向的基本动作。转弯时，起着支配地位的主要是无人机的坡度。坡度形成，无人机即进入转弯；改平坡度，转弯即停止。在一定条件下的转弯中，坡度增大，机头会下俯，速度随即增大；坡度减小，则相反。因此，转弯的注意力主要应放在保持坡度上，这是做好转弯的关键，如图5-20所示。

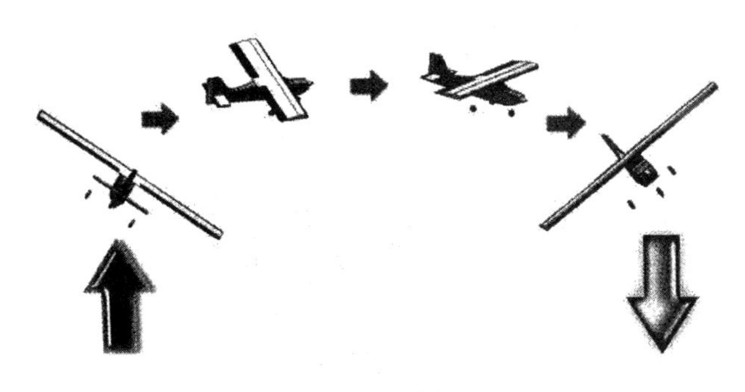

图5-20 转弯

多数无人机需要方向舵的参与进行协调转弯，可有效减小转弯半径并减少侧滑。个别需要执行对地正射任务的无人机必须进行无坡度转弯，此时向转弯方向压方向舵，副翼反打以保证坡度水平。

(1) 平飞转弯的操控方法

① 转弯前，观察周围环境，选好退出转弯的检查方向，根据转弯坡度的大小，加油门5%～10%，保持好平飞状态。

② 注视地平仪，协调地向转弯方向压杆扭舵，使无人机形成10°（以此为例）的坡度，接近10°时，稳杆，保持好坡度，使无人机均匀稳定地转弯。

③ 转弯中，主要是保持好10°的坡度。如坡度大，应协调地适当回杆回舵；坡度小，则适当增加压杆扭舵量。机头过高时，应向转弯一侧的斜前方适当推杆并稍扭舵；机头低时，则应适当增加向斜后方的拉杆量并稍回舵。当转弯中同时出现两种以上偏差时，应首先修正坡度的偏差，接着修正其他偏差。

④ 转弯后段，注意检查目标方向，判断退出转弯的时机。

当无人机轨迹方向离目标方向10°～15°时，注视地平仪，根据接近目标方向的快慢，逐渐回杆。

爬升转弯和下降转弯的操控方法与平飞转弯基本相同，其不同之处如下。

① 爬升转弯节风门开度为100%。转弯前，应保持好爬升状态；转弯中，注意稳住杆，防止机头上仰，保持好地平仪的位置关系；退出转弯后，保持好爬升状态。

② 下降转弯节风门开度为15%。转弯中，应保持好下降状态。

(2) 转弯时易产生的偏差

① 进入和退出转弯时，动作不协调，产生侧滑。

② 转弯中，未保持好机头与天地线之间的位置关系，以致速度增大或减小。

③ 转弯后段，未注意观察退出转弯的检查目标方向，以致退出方向不准确。

5.6 五边航线飞行

五边航线也叫起落航线，是由起飞、建立（应急）航线、着陆目测和着陆组成。任何一次无人机飞行都离不开起飞和着陆，由于无人机的遥控飞行多用于应急情况下，所以着陆目测和着陆是练习的重点，如图 5-21 所示。起落航线飞行时间短、动作多，各动作之间联系紧密，准确性要求高。因此，必须在模拟器上或通过实物训练系统严格训练。

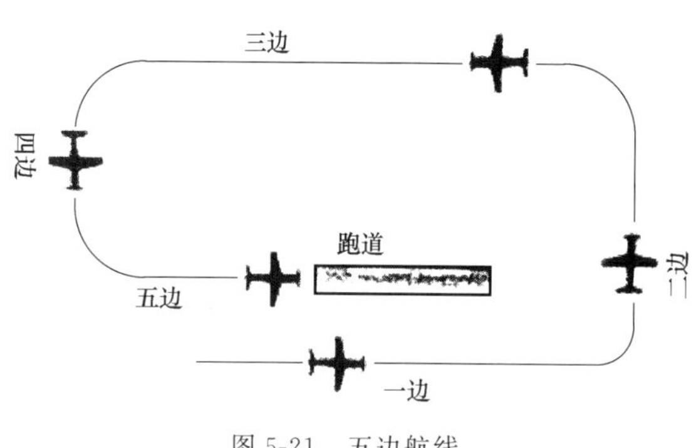

图 5-21　五边航线

5.6.1 建立（应急）航线

建立（应急）航线是无人机操作手根据机场或应急着陆场位置，操作无人机沿（应急）规划的航线飞行，并保持规定的高度、速度，以便准确地进行目测、着陆的飞行过程。建立（应急）航线内容如下。

① 检查飞行平台、发动机、机上设备的故障状态、油量、电量。

② 决定着陆场或迫降场。

③ 决定控制方式。

④ 决定飞行操作手、起降操作手交接时机。

⑤ 决定起落架、襟翼收放时机。

⑥ 如果条件允许，第一时间飞回本场上空。

5.6.2 着陆目测

着陆目测是操作手根据当时的飞行高度以及飞机与降落地点的距离，进行目视判断，操作无人机沿预定方向降落在预定的地点（通常为跑道中心）。准确的目测是使无人机在预定着陆点前后一定范围内接地。没有达到这一范围内就接地的叫目测低；超过这一范围才接地的叫目测高。

着陆目测需重点决断着陆方向和第三、四转弯位置。水平能见度大于 1000m，着陆目测由起降操作手决断，第三转弯前无人机交予起降操作手控制；水平能见度小于 1000m，着陆目测由飞行操作手决断，第四转弯后无人机交予起降操作手控制。

(1) 第三转弯

第三转弯的时机、角度、高度都会影响目测的准确性，因此，必须认真地做好第三转弯。第三转弯点安排到跑道外侧（即地面站的另一侧）。

① 第三转弯点高度控制在 100～150m。

② 转弯前，注意观察第三、四转弯之间有无高大障碍物遮蔽视线或通信，同时选择好第四转弯点，作为退出第三转弯的检查目标。

③ 判断进入第三转弯时机时，应考虑第四边航线长短、航线和着陆标志线交叉与无人

机纵轴和着陆标志线交叉所造成的影响，并做必要的修正。

④ 第三转弯中，应保持好飞行状态，适时检查空速、高度。转弯坡度为20°，速度为110km/h。

⑤ 退出转弯后，保持好平飞。平飞中应检查高度、速度；检查航迹是否对正预定的第四转弯点，该点距着陆点的距离是否适当；跑道上有无障碍物；观察无人机，判断下滑时机。

⑥ 当无人机与跑道延长线的夹角为25°～30°时，收油门至合适位置，推杆下滑，保持110km/h的速度。要特别注意高度，目测判断，控制好进入第四转弯的高度、位置，判断进入第四转弯的时机。

(2) 第四转弯

① 当无人机与跑道延长线的夹角为10°～15°时，进入第四转弯。进入时的高度为80～100m，速度为110km/h，坡度通常为20°，最大不超过30°。确定进入第四转弯的时机，应考虑到第四转弯的角度。如转弯角度大于90°，应适当提前；如小于70°，应适当延迟。

② 转弯中，注意无人机接近跑道延长线的快慢和转弯剩余角（跑道延长线与无人机纵轴的夹角）的减小是否相适应。转弯中应保持好飞行状态，适时检查速度、高度，发现偏差及时修正。

③ 第四转弯进入正常，当转弯剩余角为25°～30°，无人机应正好在跑道外侧边线上。如无人机接近跑道延长线较快，而转弯剩余角减小较慢时，表明进入已晚，应立即协调地增大坡度和转弯角速度；反之，则应适当减小坡度，调整转弯半径，以便退出转弯时能对正跑道。

④ 起降操作手做第四转弯时，第四转弯退出点位置为距着陆点200m、高度30m；飞行操作手做第四转弯时，第四转弯退出点位置为距着陆点500m、高度60m。

⑤ 退出第四转弯后，起降操作手控制无人机，飞行操作手每隔2s向起降操作手报一次空速。起降操作手稍推杆，控制住俯仰，对准下滑点（下滑点位于距着陆点50m的跑道中线上），油门收至15%，速度保持在120km/h。当下滑线正常时，应注意检查速度。如速度大，表明目测高，应适当收小油门；反之则应适当加大油门修正。加、减油门时应及时用舵，使无人机不带坡度和侧滑，对正跑道下滑。

⑥ 下滑至高度10m，做好着陆准备：检查下滑速度，看是否向预定的下滑点下滑，根据目测判断收怠速油门的时机；检查下滑方向，看是否对正跑道；观察跑道上有无障碍物。

5.6.3 着陆

无人机从一定高度（一般定为10m，有人机为25m）下滑，并降落于地面直至滑跑停止的运动过程叫着陆。着陆分为下滑、拉平、平飘接地和着陆滑跑四个阶段。

注意：姿态遥控下的拉平并不是将姿态保持到0°，而是将升降速度控制为0。

① 下滑至高度10m（应凭目测判断，根据无人机翼展估测），保持好下滑角，判断无人机的高度和接近地面的快慢，以便及时开始拉平。

② 下滑至高度3m，开始拉平，根据无人机离地的高度、下沉的快慢和无人机状态，相应地柔和拉杆（姿态遥控为回杆再拉杆），使无人机随着高度的降低，逐渐减小俯角，减小下降率，在0.5m高度上转入平飘。

③ 无人机转入平飘（不下沉也不飘起），应稳住杆，判明离地高度。根据无人机下沉的快慢、仰角的大小和当时的高度相应地继续柔和拉杆。平飘前段，速度较大，下沉较慢，拉杆量应小一些。平飘后段，速度较小，下沉较快，拉杆量应适当增大，随着无人机的下沉相应地增大仰角，在0.2m的高度上，拉成正常两点姿势。

平飘过程中，仍应根据无人机与地面的相对运动，检查并保持好飞行方向，并使无人机不带坡度且不产生侧滑。

④ 无人机在0.2m的高度上呈两点接地姿势后，应随着无人机的下沉，继续柔和地拉杆，保持住两点姿势，使主轮轻轻接地（主轮接地时无人机速度控制在80～90km/h，从拉平到主轮接地是一个空速逐渐从110km/h减到80km/h的过程）。接地的瞬间，由于地面对主轮的反作用力和摩擦力对无人机重心形成下俯力矩，因此，必须稳住杆，才能保持接地时两点姿势不变。

⑤ 无人机进行两点滑跑后，应稳住杆保持两点姿势，控制方向舵保持滑跑方向。起降操作手报接地信息。随着速度的减小，机头自然下俯，前轮接地后，将升降舵推过中立位置。

⑥ 着陆滑跑后段，稳住方向舵并做微量修正，保证无人机沿中线滑行，在速度小于40km/h后刹车。

5.6.4 起落航线重点动作的分析

(1) 目测

逆风着陆时，由于风的影响，第三转弯后，无人机逐渐远离着陆点；第四转弯后，下滑距离和平飘距离缩短，风速越大，影响越大。顺风着陆时，则相反。因此，逆风着陆时，目测容易低（即提前接地）；顺风着陆时，目测容易高（即推迟接地）。

气温较高时，跑道上空上升气流明显，会使下滑距离和平飘距离增大。气温降低时则相反。因此，气温增高时目测容易高，气温降低时目测容易低。

下滑方向虽不能直接影响目测的准确性，但是当下滑方向偏差较大时，就会分散操作手的精力。此外，修正方向偏差时，也容易带来下滑点下滑速度的变化，从而造成判断和修正目测的困难。

① 第四转弯前判断与修正目测的方法。第三转弯后至第四转弯前的飞行中，主要根据无人机能否对正预定的第四转弯点、保持预定的高度来判断与修正目测。第四转弯点的位置是由第三转弯的时机和角度决定的，第四转弯高度是由下滑时机和动作决定的。转弯目测误差影响如图5-22所示。

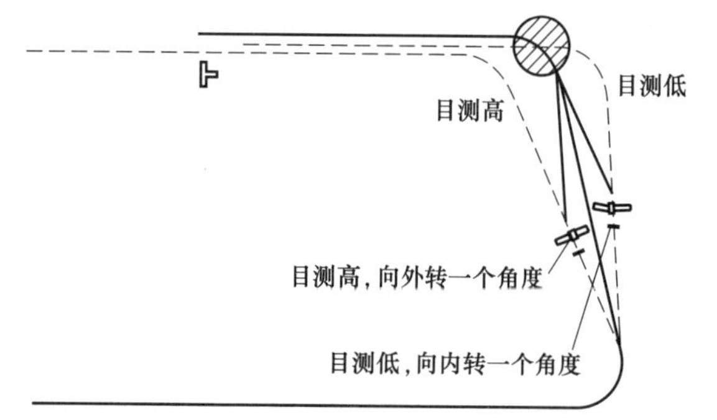

图5-22 转弯目测误差影响

第三转弯后，如高度正常而航迹未对正预定的第四转弯点，靠近或远离着陆点时，表明目测高或目测低，应向航线外侧或内侧转一个角度，进行修正。转弯的角度一般不应超过20°，并应注意其对第四转弯进入时机的影响。

第三转弯后，如飞机的航迹正常，而高度高于150m或低于100m时，转入下滑的时机应提前或延迟。下滑中，如估计到第四转弯时的高度将高于预定的高度时，应及时地收小油门，必要时可收至 20%，增大下滑角；反之，则应适当地加大油门，减小下滑角，必要时可转为平飞进行修正。待接近预定高度时，再转为正常下滑。

飞行中气象条件是经常变化的，因此，做目测时，第三转弯的时机和转弯角度要根据当时的气象情况做必要的调整，转弯后，还要经常检查航迹和飞行高度，发现偏差及时修正。

② 第四转弯后判断与修正目测的方法。如发现目测稍高或稍低时，一般不改变下滑点位置，应适当地收小或加大油门，保持好与当时气象条件相适应的下滑速度，飞向预定下滑点。

目测过低时，应在加大油门的同时适当增加带杆量（姿态遥控为回杆量），减小下滑角（必要时可平飞一段时间），当接近正常下滑线时再重新对好下滑点，适当收小油门，保持好下滑角和相应的速度，对准预定下滑点下滑。目测过高时，修正方法相反。

修正目测加、收油门的量，主要根据偏差的大小和当时的气象条件确定。偏差大，加、收油门量相应大一些；反之，则小一些。风速较大或气温低时，如目测低，加油门量相应大些；如目测高，收油门量则不应多。风速小或气温高时则相反。

开始收油门的时机和收油门动作的快慢以及收怠速油门的时机，应根据当时无人机的实际下滑点和预定下滑点是否一致来确定。收油门的动作应柔和均匀，通常在转入平飘时，将油门收完。

但在下列情况下，收油门的时机应适当延迟，收油门的动作应适当减慢（主轮接地前应收完）：实际下滑点在预定下滑点后面；当时的高度低于预定高度；速度小，下沉快；逆风较大。若实际下滑点在预定下滑点前面，则相反。

③ 下滑方向的判断与修正。第四转弯后下滑方向的好坏，不仅会影响无人机的着陆方向、着陆动作，还会影响目测的判断与修正。

假设起降操作手的站位位于内侧跑道边缘线上，野外起降点跑道宽度为 12m，无人机翼展为 6m。

首先应判断无人机是否在跑道中线延长线上。如果无人机下滑过程中近侧翼尖距离内侧跑道边缘线的距离始终接近半翼展，则接近跑道中线。

其次，检查无人机纵轴是否与着陆方向一致。如无人机偏出跑道中线延长线较多，应首先压杆压舵操作无人机飞向跑道中线，待无人机接近跑道中线时，再根据当时交叉角的大小，适当提前压杆压舵，使无人机纵轴与中心线重合。如无人机在跑道中线延长线上，只是纵轴与中心线略有交叉，应柔和压舵修正，使无人机纵轴与着陆方向一致。在 0.5m 以下低空修正方向时，仅使用方向舵，防止坡度过大，翼尖擦地。

注意：

a. 下滑至高度 3m，仍未进入跑道或目测过高、过低时，应果断复飞。

b. 禁止用改变无人机接地姿势的方法，延长或缩短平飘距离来修正目测偏差。

(2) 着陆

着陆是起落航线飞行的最重要一环。要做好着陆，就应当正确地观察地面关系，掌握好收油门动作和准确地把无人机拉平。

① 正确地观察地面关系是做好着陆的基础。

着陆时，无人机高度、速度、状态、下降率等随时都在变化。只有正确地观察地面关系，才能判明这些变化的情况，相应地操控杆舵，做好着陆。

观察地面关系的目的是判断高度、下沉情况、飞行状态和运动的方向，同时了解速度和目测的情况，以便准确地操作无人机着陆。但着陆的各个阶段的注意力又应各有侧重。下滑至高度10m，侧重判断无人机离地的高度和接近地面的快慢，确定开始拉平的时机。拉平过程中，重点注意高度的降低和下降率的减小与平飘时是否相适应，无人机离地的高度和下沉情况，无人机俯仰姿态。在有侧重的同时，还要照顾到其他方面。当然，这种侧重不是一成不变的。例如，如果拉平前飞行方向与跑道有交叉，则应在判断开始拉平时机的同时，还要修正好方向，从而做好着陆，如图5-23所示。

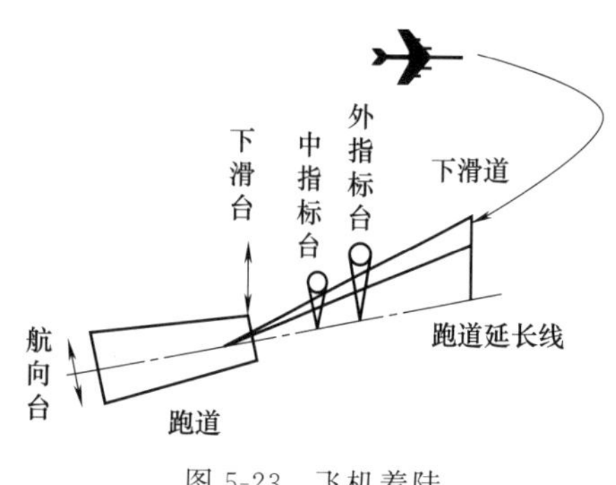

图5-23　飞机着陆

② 掌握好收油门的动作是做好着陆的重要条件。

掌握好收油门的动作，既是为了准确地做好目测，也是为了逐渐减小飞行速度，配合拉平动作，使无人机以正常的速度和状态转为拉平。如果收油门过早、过粗，速度减小过快，则使拉平时的速度小、无人机下沉快、容易拉平低或者进入平飘时仰角较大；反之，容易拉平高、拉飘或者平飘仰角较小，均不利于正常着陆。着陆收油门动作的基本要领是适时、柔和而均匀。根据飞行体会应做到以下几点。

a. 在目测正常的情况下，收油门时机不要晚。早一些比较主动，可以慢慢收，也可停一停再收。收晚了势必造成动作粗，影响着陆动作；否则就容易目测高。

b. 收油门的过程要拉长一些，拉长了可以使动作柔和、速度减小均匀，有利于做好着陆。

c. 收完油门的时机要准确，保证无人机以正常速度和正常状态转为平飘。目测正常时，通常是在结束拉平时收完油门。

③ 准确地把无人机拉平是做好着陆的关键。

实践证明，掌握了拉平动作以后，整个着陆就比较容易掌握了，同时，这对保证飞行安全也极为重要。

开始拉平的时机和拉杆（姿态遥控为回杆再拉杆）动作的快慢与分量，直接影响正常拉平轨迹和无人机转入平飘的高度。

开始拉平的时机是根据当时无人机俯角的大小和下降的快慢而定的。无人机以正常的下滑角下滑时，下滑至高度3m应开始拉平，使无人机随着高度的降低，下滑角逐渐减小，在0.5m的高度上平飘。如果拉平前无人机的俯角大、下降快，却仍按正常的时机和动作拉杆，就必然拉平低，所以开始拉平的时机应稍早一些；反之，开始拉平的时机应稍晚一些。

拉平过程中，拉杆的快慢和分量，必须与当时的离地高度、下降快慢和飞行状态相适应。下降快，拉杆也应快一些；反之，则慢一些。如果高度远远高于0.5m，无人机就要转入平飘，即应暂停拉杆；反之，即接近0.5m高度，无人机下降仍较快，则应适当多拉一点，其目的都是使无人机下降至0.5m高度时转为平飘。总之，必须按照实际情况，主动地、有预见性地、机动灵活地去操作无人机才能做好着陆。

(3) 着陆偏差的修正

在掌握着陆技术的过程中，错误、偏差是难免的。为了掌握着陆技术、保证安全，必须了解产生偏差的原因，熟练地掌握着陆偏差的修正方法。

1）产生着陆偏差的主要原因。

① 精神过分紧张，对着陆存有顾虑，因而注意力分配不当，操纵动作犹豫、不适量。

② 着陆条件不好。例如，目测高容易拉平高；目测低、速度小容易拉平低或跳跃；油门没有收完、速度大容易拉平高或拉飘；下滑方向不好，易分散看地面的精力，造成着陆偏差。

③ 转移视线看地面的时机、角度、距离不固定、不正确。

④ 其他如机械拉杆、粗猛拉杆都会造成着陆偏差。

2）修正方法。

出现着陆偏差时，必须看好地面，判明离地高度、下沉快慢、无人机状态，遵守操控规则，沉着果断地修正。

① 修正拉平高的方法。无人机结束拉平时的高度高于0.5m，叫拉平高。修正方法如下。

a. 拉平过程中，发现有拉高的趋势，应停止拉杆或减小拉杆量，让无人机下沉。然后，根据无人机离地的高度、下沉的快慢和俯仰状态，柔和均匀地拉杆，使无人机在0.5m高度上转为平飘。

b. 拉平高时，如果无人机随即下沉，应稳住杆，待无人机下沉到0.5m，再柔和拉杆，做正常着陆；如果无人机不下沉，应稍松杆（注意收完油门），使无人机缓慢下沉到0.5m时，做正常着陆。

c. 拉平高度在3m以上，又未能及时修正，应进行复飞。

② 修正拉平低的方法。无人机结束拉平时的高度低于0.5m，叫拉平低。修正方法如下。

a. 拉平过程中，发现有拉平低的趋势时，应适当地增大拉杆量，使无人机在0.5m高度转入平飘。由于拉杆动作较快、量较大，无人机在刚转平飘时可能向上飘起，应注意防止和及时修正。

b. 拉平低，但高度在0.3m以上时，可按正常方法着陆。如果高度在0.3m以下时，应特别注意准确地判断高度和无人机下沉情况。当无人机有下沉趋势时，在不使无人机飘起的情况下，及时适量地拉杆增大仰角，使无人机以正常两点姿势接地。

c. 如果无人机下沉较快，以较小的两点姿势接地时，应注意稍拉住杆，保持住两点姿势，防止前轮撞地，但也要防止接地时拉杆过多而跳跃。

d. 如结束拉平过低而速度较大，应适当地多拉一点杆，避免三点接地。如果已经三点接地，应及时稳住杆，避免无人机跳起。

③ 修正拉飘的方法。在拉平或平飘过程中，无人机向上飘起的现象叫拉飘。修正方法如下。

a. 发现拉飘时，应立即柔和推杆或松杆制止无人机继续上飘。

b. 制止无人机上飘后，应迅速判明高度。0.5m以下且仰角不大时，应稳住杆，待无人机下沉，再柔和拉杆，做正常着陆；0.5m以上或仰角较大时，应柔和推杆或松杆减小仰角，使无人机缓慢下沉，然后做正常着陆。

④ 修正跳跃的方法。无人机接地后跳离地面的现象，叫跳跃。修正方法如下。

a. 无人机跳离地面时，应稳住杆，迅速判明离地的高度和无人机状态。如果无人机跳跃没有超过0.5m，且仰角不大时，应轻拉住杆。待无人机下沉时，做正常着陆。

b. 跳离地面的高度有超过 0.5m 的趋势或仰角较大时，应立即适当地推杆或松杆，不使无人机跳起过高或仰角过大。当无人机下沉时，柔和拉杆，做正常着陆。

c. 如因修正侧风不当带偏流接地并跳跃，除按跳跃处理外，还应向偏流的反方向（即侧风方向）适当压坡度，并轻打反舵，避免重新带偏流接地。

本章小结

1. 固定翼无人机（fixed-wing plane）是指由动力装置产生前进的推力或拉力，由机身的固定机翼产生升力，在大气层内飞行的重于空气的航空器。

2. 固定翼无人机机体通常由机翼、机身、尾翼、起落架和推进装置（动力装置）五部分构成。

3. 流体的连续性定理：当流体连续不断而稳定地流过一个粗细不等的管道时，由于管道中任何一部分的流体都不能中断或挤压起来，因此在同一时间内，流进任一截面的流体的质量和从另一截面流出的流体质量是相等的。

4. 伯努利定理：流体在一个流管中流动时，流速小的地方压力大，流速大的地方压力小。

5. 无人机在空中飞行会遇到各种阻力，阻力按产生的原因可分为摩擦阻力、压差阻力、诱导阻力和干扰阻力。

6. 固定翼无人机最常见的起飞方式为起落架滑行起飞、垂直起飞、空投、轨道弹射起飞、手抛等起飞方式。

7. 无人机的回收方式可归纳为起落架滑跑着陆回收、垂直着陆回收、拦阻网或“天钩”回收等类型。

8. 固定翼无人机飞行时特别注意迎风起飞，迎风降落。飞行前、中、后一定要充分做好检查及注意事项，还要注意遵守安全飞行原则。

9. 基础飞行训练主要包括地面滑行，爬升，定高平飞，下降，平飞、爬升、下降三种飞行状态的变换，转弯。

10. 五边航线也叫起落航线，是由起飞、建立（应急）航线、着陆目测和着陆组成。

习题

1. 五边航线（起落航线）由（　　）组成。

A. 起飞、建立航线、平飞、着陆　　B. 起飞、爬升、平飞、着陆

C. 起飞、建立航线、着陆目测、着陆　　D. 建立航线、起飞、爬升、着陆

2. 固定翼无人机降落是在（　　）之后。

A. 第一转弯　　B. 第二转弯

C. 第三转弯　　D. 第四转弯

3. 关于目测着陆，说法正确的是（　　）。

A. 驾驶员根据当时的飞行高度，进行目视判断，操作无人机沿预定方向降落在预定的地点

B. 准确的目测是使无人机在预定着陆点前后一定范围内接地

C. 提前使无人机在预定着陆点前后一定范围内接地，叫目测高

D. 使无人机超出预定着陆点前后一定范围内接地，叫目测低

4. 简述固定翼无人机常见的布局。

5. 简述固定翼无人机最常见的起飞方式。

6. 简述固定翼无人机起落航线飞行。

第6章 旋翼无人机飞行

【内容提要】 本章首先对旋翼无人机的分类进行了介绍，继而介绍了旋翼无人机的主要结构构成与各结构作用；其次介绍旋翼无人机的飞行原理与飞行操控；再次介绍旋翼无人机的装配过程；然后介绍旋翼无人机的飞行注意事项；最后介绍旋翼无人机基础飞行与航线飞行。

6.1 旋翼无人机分类

旋翼航空器是一种重于空气的航空器，其在空中飞行的升力由一个或多个旋翼与空气进行相对运动的反作用获得，它与固定翼航空器为相对的关系。

现代旋翼无人机主要包括单旋翼带尾桨式无人直升机、共轴式无人直升机以及近年来蓬勃发展的多轴无人飞行器。各类旋翼飞行器如图 6-1 所示。

旋翼无人机的类型很多，分类方法也有许多种，下面主要介绍按起飞重量和结构形式进行的分类。

(1) 按起飞重量分类

旋翼无人机按起飞重量可分为以下四种类型。

① 微型旋翼无人机，空机质量小于或等于 7kg，多数多轴无人飞行器均属于这一级别。

② 轻型旋翼无人机，空机质量大于 7kg，且小于或等于 116kg，如 FH-1 共轴无人直升机。

③ 小型旋翼无人机，空机质量大于 116kg，且小于或等于 5700kg，如 RQ-8A“火力侦察兵”。

④ 大型旋翼无人机，空机质量大于 5700kg。目前这个级别还没有实用的系统。

(2) 按结构形式分类

① 单旋翼带尾桨式无人直升机。它装有一个旋翼和一个尾桨。旋翼的反作用力矩，由尾桨拉力相对于直升机重心所构成的偏转力矩来平衡。虽然尾桨消耗一部分功率，但这种结构形式构造简单，操纵灵便，应用极为广泛。

② 双旋翼共轴式无人直升机。它在同一转轴上装有两个旋转方向相反的旋翼。其反作用力矩相互平衡。它的特点是外廓尺寸小，气动效率高，但操纵机构较为复杂。

③ 多轴无人飞行器。它是一种具有两个旋翼轴以上的无人旋翼航空器。由每个轴末端的电动机转动，带动旋翼从而产生上升动力。旋翼的总距固定，不像直升机那样可变，通过改变不同旋翼之间的相对速度可以改变推进力和扭矩，从而控制飞行器的运行轨迹。

④ 其他类型。包括自转旋翼无人机、变模态旋翼无人机、复合旋翼无人机等。

图 6-1　各类旋翼飞行器

6.2 旋翼的作用、组成与结构形式

(1) 旋翼的作用与组成

从本质上讲，旋翼是一个能量转换部件，它把发动机通过旋翼轴传来的旋转动能转换成

旋翼拉力。旋翼的基本功能是产生旋翼拉力。旋翼通常由旋翼轴、桨毂和2～8片桨叶组成。

(2) 旋翼的典型结构形式

旋翼的结构形式主要是指旋翼桨叶和桨毂连接的方式。下面介绍四种有代表性的旋翼结构形式。

① 万向接头式旋翼 万向接头式旋翼也叫“跷跷板”式旋翼，通常只有两片桨叶。它的桨叶与桨毂相连，并具有轴向铰用于改变桨叶角。与桨叶相连的桨毂下环，通过一对轴销与桨毂的上环相连；上环则用另一对轴销与桨毂的轴套相连，轴套由旋翼轴带动转动。与轴套相连的这对轴销，起水平铰的作用。这样，旋翼的两片桨叶不仅可以前后摆动，而且像一个跷跷板，可一上一下地挥舞。万向接头式旋翼如图6-2所示。

② 星形柔性桨毂旋翼 星形柔性桨毂旋翼是用弹性轴代替3个铰，并由层压弹性轴承和复合材料的星形板实现桨叶的挥舞、摆振和变距运动。直-11型直升机星形柔性桨毂如图6-3所示。

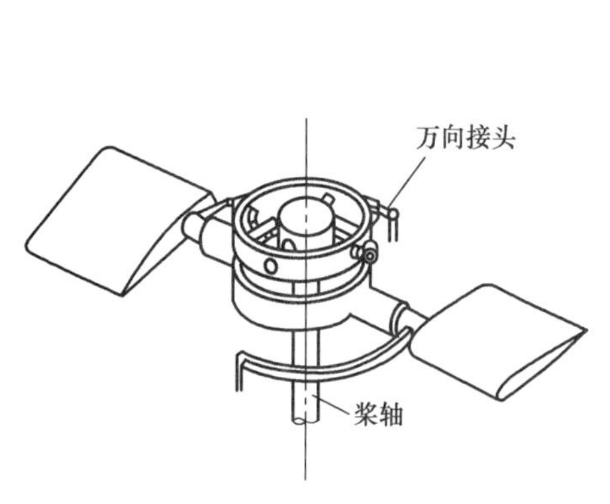

图6-2 万向接头式旋翼

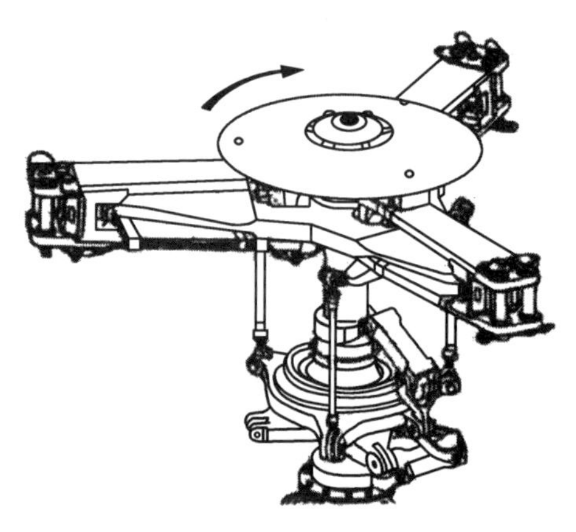

图6-3 直-11型直升机星形柔性桨毂

桨毂的壳体是一个整体的玻璃钢中央星形件，星形件伸出的支臂在挥舞方向是柔性的，而在摆振方向和扭转方向是刚性的。星形件内端中央槽内装有球面层压弹性轴承，星形件支臂外端装有球关节轴承。桨叶在挥舞载荷作用下连同夹板组件一起绕弹性轴承中心上下挥舞，而星形件柔性臂也产生弯曲变形。当桨叶上有摆振载荷作用时，桨叶连同夹板组件一起绕弹性轴承中心前后摆动。桨叶的变距运动，则由变距拉杆经摇臂作用到夹板上的扭转力矩，使弹性轴承产生扭转变形，从而改变桨叶角的大小来实现。法国的“松鼠”“海原”直升机和我国的直-9型、直-11型直升机均采用这种旋翼形式。

③ 铰接式旋翼 铰接式旋翼是早期直升机最常见的一种结构形式，其桨毂具有3个铰（即3个关节），包括水平铰（水平关节）、垂直铰（垂直关节）和轴向铰（轴向关节），桨叶同桨毂连接后，能分别绕3个铰做3种转动。铰接式旋翼如图6-4所示。

桨叶绕水平铰可以上下活动，这种运动称为挥舞运动；桨叶绕垂直铰的前后活动称为摆振运动；而桨叶绕轴向铰的转动则称为桨叶的变距运动。

④ 无铰式旋翼 一般所说的无铰式旋翼，是指在桨毂上取消了水平铰和垂直铰，仍保留了变距用的轴向铰。桨叶的挥舞运动和摆振运动，通过结构的弯曲变形来实现。这种形式的旋翼，目前常用的有两种：一种是旋翼桨毂为挥舞半刚性的，桨叶的挥舞是靠桨毂部件的弹性变形来实现的，如英法合制的WG-13“山猫”直升机，如图6-5所示；另一种是旋翼桨

毂为挥舞刚性的，桨叶的挥舞靠桨叶根部的弯曲变形来实现，如德法合制的 BC-105 直升机。

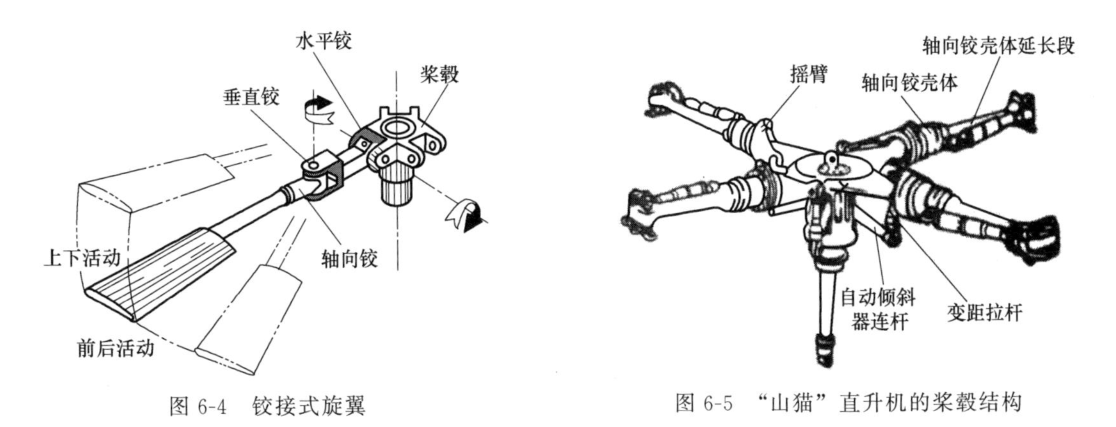

图 6-4　铰接式旋翼

图 6-5　“山猫”直升机的桨毂结构

6.3 旋翼的主要参数

(1) 桨叶的平面形状

桨叶的平面形状常见的有矩形、梯形、混合梯形、翼尖后掠形等几种。普遍采用的是矩形和混合梯形。矩形桨叶的空气动力性能虽不如梯形桨叶好，但矩形桨叶制造简便，所以仍得到广泛使用。为了使桨叶适宜于高速气流条件，有些直升机采用翼尖后掠形桨叶。直-5、米-8 型直升机的旋翼和尾桨采用矩形桨叶，直-9 直升机的旋翼桨叶也可视为矩形。桨叶的平面形状如图 6-6 所示。

(2) 桨叶的切面形状

桨叶的切面形状与机翼的切面形状相似，称为桨叶翼型。桨叶翼型常见的有平凸形、双凸形和对称形，一般用相对厚度、最大厚度位置、相对弯度、最大弯度位置等参数来说明。桨叶的切面形状如图 6-7 所示。

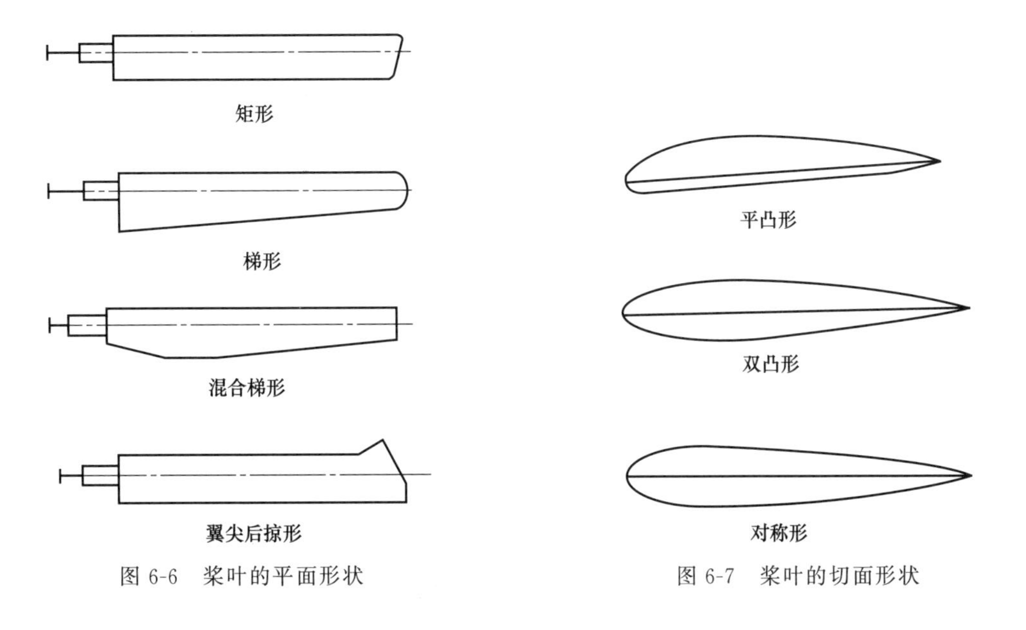

图 6-6　桨叶的平面形状

图 6-7　桨叶的切面形状

6.4 旋翼产生“力”的原理

由旋翼产生的力和力矩有旋翼的气动力及力矩、旋翼的反扭矩和旋翼的桨毂力矩。

(1) 旋翼的气动力及其力矩

当直升机不带侧滑前飞时，旋翼的气动合力为 R，其方向垂直于桨尖平面（D—D）。将旋翼气动合力 R 沿旋翼构造轴系各轴分解，可以得到三个分力：垂直于旋翼构造旋转平面（S—S）的分力叫旋翼拉力 T_s（一般写作 T），以指向上方为正；沿旋翼构造纵轴方向的分力叫旋翼纵向力 H_s，以指向后方为正；沿旋翼构造横轴方向上的分力叫旋翼侧向力 S_s，以指向 $\Psi=90°$方向为正。旋翼气动合力 R 相对于旋翼构造轴系的三个分力如图 6-8 所示。

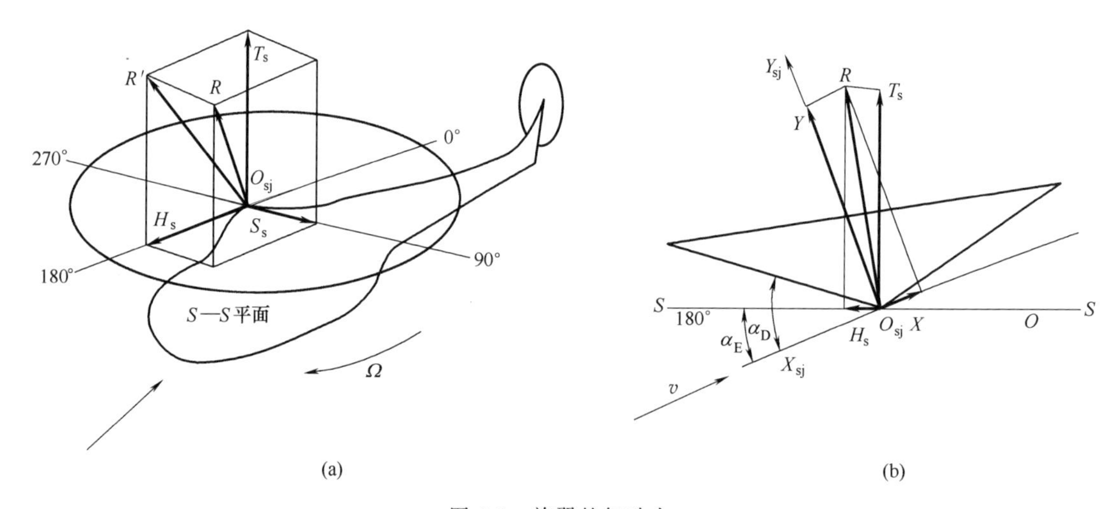

图 6-8 旋翼的气动力

由于旋翼拉力 T_s、纵向力 H_s 和侧向力 S_s 的作用线一般情况下都不通过直升机的重心，所以，对直升机重心会形成力矩，主要有三种。

① 拉力俯仰力矩 T_sX_{sj}。其中，X_{sj} 为直升机重心至旋翼拉力作用线的距离。当重心位于拉力作用线前面时，拉力 T_s 对重心构成下俯力矩；当重心位于拉力作用线后面时，拉力 T_s 对重心构成上仰力矩。

② 纵向力俯仰力矩 H_sY_{sj}。其中，Y_{sj} 为直升机重心（飞机中心点）至纵向力 H_s（中心点分布前后方）作用线的距离，当 H_s 向前时，对直升机构成下俯力矩；当 H_s 向后时，对直升机构成上仰力矩。

③ 侧向力滚转力矩 S_sY_{sj}。其中，Y_{sj} 是直升机重心至侧向力作用线的距离，侧向力 S_s 向左，则构成左滚力矩；侧向力 S_s 向右，则构成右滚力矩。

需要注意的是，这里没有考虑旋翼前倾角的影响，并且认为直升机的重心位于机身对称面之内。

(2) 旋翼的反扭矩

发动机带动旋翼旋转时，旋翼旋转阻力力矩 M_k 为发动机传递给旋翼轴的扭矩所平衡。根据作用与反作用定律，在旋翼轴受到发动机扭矩的同时，必然也会受到同扭矩大小相等、方向相反的反扭矩，这就是旋翼的反扭矩 $M_{反}$。旋翼的反扭矩会迫使直升机向旋翼旋转的反方向偏转，旋翼反扭矩的大小取决于发动机输出功率的大小。

(3) 旋翼的桨毂力矩

具有水平铰外移量 L_{pj} 的旋翼，由于桨叶的周期挥舞使桨尖平面相对于旋翼构造平面出现倾斜时，会产生桨毂力矩。这是因为桨叶做周期挥舞时，水平铰不能传递桨叶挥舞面内的弯矩，桨叶受到拉力 $T_{叶}$、惯性离心力 $F_{惯}$ 和重力 W 的共同作用，其作用线必定通过水平铰心。这样，就可把合力 $F_{叶}$ 作用线移至水平铰心上。于是，在水平铰处就出现了垂直于桨毂平面的分力，当桨尖平面与桨毂平面不平行时，作用于水平铰处的垂直分力就会对桨毂中心构成力矩。实际飞行中，桨尖平面一般要相对于桨毂平面向侧后方或侧前方倾斜，故桨毂力矩又可以分解成两个分量，一个是桨毂滚转力矩 M_{xou}，另一个是桨毂俯仰力矩 M_{zgu}，旋翼桨毂力矩的形成如图 6-9 所示。

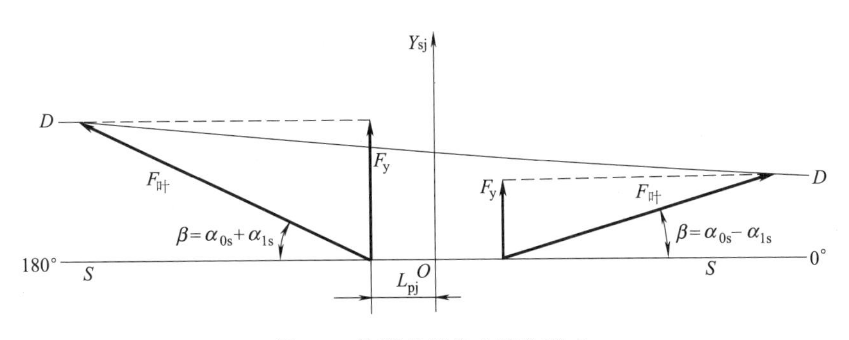

图 6-9 旋翼的桨毂力矩的形成

6.5 尾桨

(1) 尾桨的功能

在机械驱动的单旋翼直升机上，尾桨是用来平衡旋翼的反扭矩；同时通过改变尾桨的推力（或拉力），实现对直升机的航向控制；另外，旋转的尾桨相当于一个安定面，能对直升机的航向起稳定作用；在有的直升机上，尾桨向上偏转一个角度，也能提供一部分升力（例如 UH-60A 直升机的尾桨）。

虽然尾桨的功用与旋翼不同，但是它们都因旋转而产生空气动力，并在直升机前飞时处于不对称斜流里工作。正是由于它们的这个基本工作特点相同，使尾桨结构设计的基本矛盾与旋翼结构设计相类似。

(2) 尾桨的结构

① 二叶“跷跷板”式　在轻型直升机上，二叶的尾桨通常采用“跷跷板”式结构，这种形式的尾桨与“跷跷板”式旋翼一样，它的两片桨叶的离心力在桨毂轴套上相平衡，而不传递给挥舞铰，因而大大减轻了挥舞铰轴承的负担，因而可以选用比较小的轴承，而使桨毂结构更加紧凑，重量更轻。一般在结构布置上往往还把挥舞铰斜置一个角度，使其轴线与桨距操控节点到桨毂中心的连线重合。在这样布置以后，当桨叶挥舞时，既避免了变距铰每转一次的周期变距运动，减少轴承的磨损，又不影响变距—挥舞的耦合要求（挥舞调节）。

但是，与旋翼不同的是，“跷跷板”式尾桨一般不安排结构锥度角，这是因为使拉力与离心力平衡所需的结构锥度角很小，而且功率状态的尾桨推力方向与自转状态的尾桨推力方向相反。既然没有结构锥度角，也就无须采用悬挂措施。

由于没有结构锥度角，挥舞运动的零阶项为零，从而使科氏力减小，这对尾桨旋转面的受力是有意义的。

② 多叶万向接头式　由于“跷跷板”式尾桨具有挥舞铰轴承，负荷较小，桨毂结构紧凑、重量轻，旋转面受力比一般无摆振铰的铰接式尾桨小等优点，所以有些多叶尾桨也采用与“跷跷板”式尾桨相类似的万向接头式尾桨结构，每片桨叶通过各自的变距铰与桨毂壳体相连接，而桨毂壳体又通过万向接头与尾桨轴相连接。苏制米-8 直升机的尾桨采用了万向接头式结构。多叶万向接头式尾桨如图 6-10 所示。

③ 多叶铰接式　对于三叶以上的尾桨，最常用的是铰接式尾桨，除早期个别直升机曾采用过全铰接式（即挥舞铰、摆振铰、变距铰）外，一般都没有摆振铰，称为半铰接式。这种尾桨的桨毂构造与铰接式旋翼桨毂的构造很相似，它的主要问题是：构造复杂、轴承数目多而工作条件差、旋转面受力情况严重等。为了尽量减小科氏力，以改善尾桨在旋转面里的受力情况，曾采用过多种措施，例如，使轴向铰轴颈在旋转面内具有一定的柔性，或者采用特殊的挥舞铰轴销，使尾桨的旋转面内具有一定的摆振自由度，从而改善其受力状况。但是，这些措施往往都以结构复杂、结构重量增加为代价，而且还会给尾桨的弦向频率带来影响。半铰接式尾桨如图 6-11 所示。

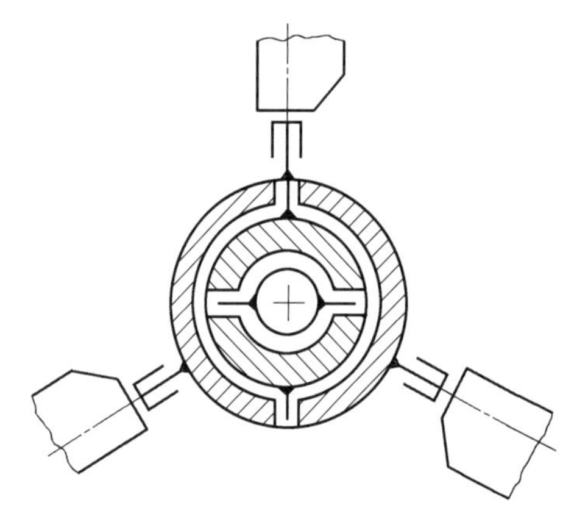

图 6-10　多叶万向接头式尾桨

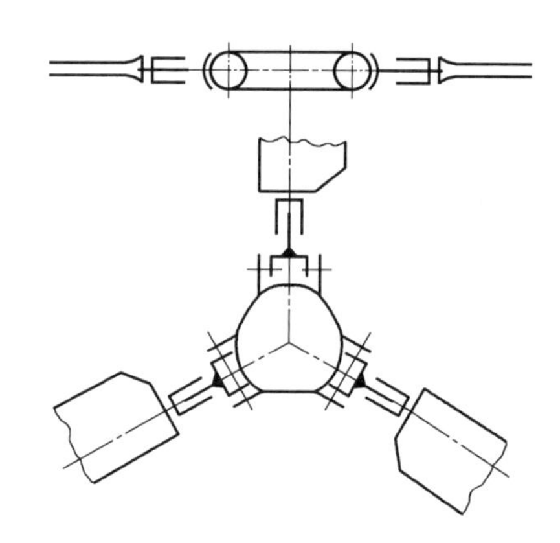

图 6-11　半铰接式尾桨

④ 无轴承式　不论是半铰接式还是“跷跷板”式尾桨，都仍然带有挥舞铰、变距铰，致使结构重量难以减轻，而且维护工作量大、寿命短。同旋翼一样，合乎逻辑的发展就是取消这些铰，使结构简化，以提高尾桨使用的可靠性和寿命。因此，作为发展无轴承旋翼的先导，在 20 世纪 70 年代初出现了无轴承式尾桨，无轴承式尾桨采用全复合材料结构，取消了挥舞铰和变距铰，桨叶的变距运动由复合材料大梁扭转变形来实现。图 6-12 所示为 S-76 直升机的无轴承尾桨。它由 4 片复合材料桨叶组成，采用交叉梁结构，相对的两片桨叶大梁是一个整体，两个大梁交叉叠置，用夹板夹持在一起。桨叶大梁是石墨复合材料，离心力在大梁中自身得到平衡，没有单独的桨毂，结构非常简单，与一般传统的尾桨相比，结构零件减少大约 87％，重量减轻约 30％。

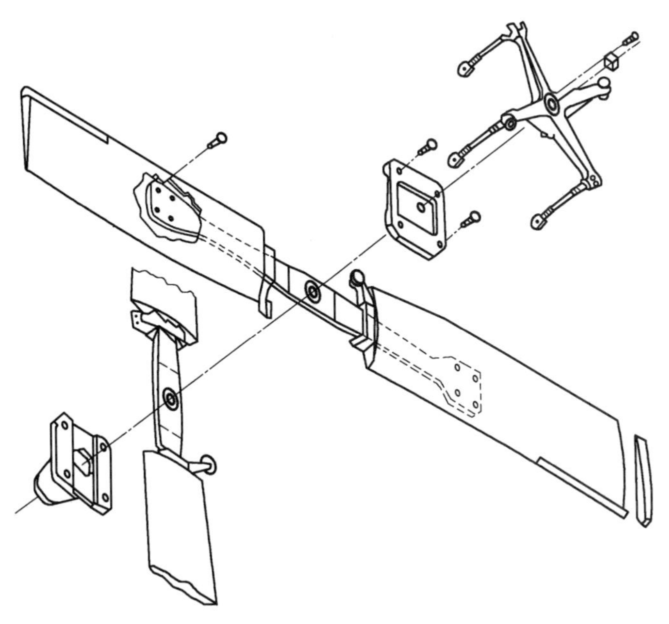

图 6-12 S-76 直升机的无轴承尾桨

6.6 旋翼直升机的运动操控

(1) 直升机的三轴、转动及运动自由度

① 直升机的三轴和转动 我们知道，门是绕门轴转动的，同理，旋翼则是绕旋翼轴转动的。这表明研究物体的转动，离不开转轴。物体的转动又总是力图围绕重心来进行。因此，为便于研究直升机本身的转动，一般通过直升机的重心假设有 3 条互相垂直的轴，分别称之为纵轴、横轴和立轴（图 6-13），下面以三轴为基准说明直升机的转动规律。

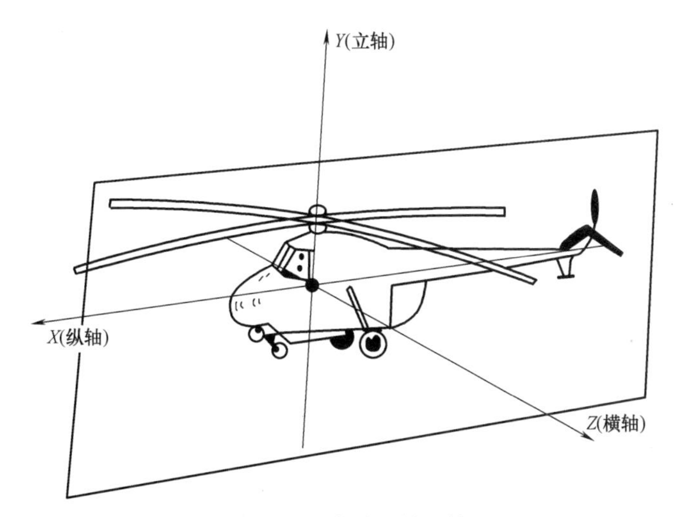

图 6-13 直升机的三轴

纵轴——从后到前，穿过直升机重心，与货（客）舱地板平行。

横轴——从右到左，并与纵轴垂直。

立轴——从下到上，并与纵轴和横轴都垂直。

② 直升机的运动自由度　直升机绕纵轴的转动（向左或向右倾斜）叫滚转。直升机绕横轴的转动（上仰或下俯）叫俯仰转动。直升机绕立轴的转动（机头向右或向左偏）叫偏转。

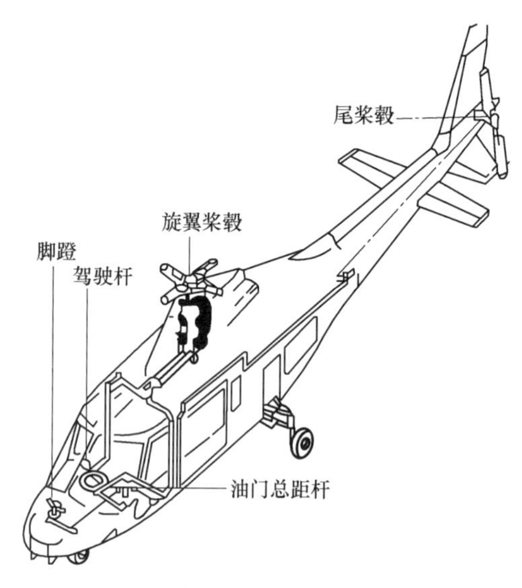

图 6-14　直升机驾驶舱内的操纵机构

(2) 直升机的特点

直升机不同于固定翼无人机，一般没有在飞行中供操纵的专用活动舵面。这是由于在小速度飞行或悬停中，其作用也很小，因为只有当气流速度很大时，舵面或副翼才会产生足够的空气动力。单旋翼带尾桨的直升机主要靠旋翼和尾桨进行操纵，而双旋翼直升机等靠两副旋翼来操纵。由此可见，旋翼还起着无人机的舵面和副翼的作用。

为了说明直升机操纵特点，先介绍直升机驾驶舱内的操纵机构。直升机驾驶员座舱主要包括驾驶杆（又称周期变距杆）、脚蹬、油门总距杆。此外，还有油门调节环、直升机配平调整片开关及其他手柄（图 6-14）。

驾驶杆位于驾驶员座椅前面，通过操纵线系与旋翼的自动倾斜器连接。驾驶杆偏离中立位置表示：

遥控器向前推杆——直升机低头并向前运动（图 6-15）。

遥控器向后拉杆——直升机抬头并向后退。

遥控器向左推杆——直升机向左倾斜并向左侧运动（图 6-16）。

遥控器向右推杆——直升机向右倾斜并向右侧运动。

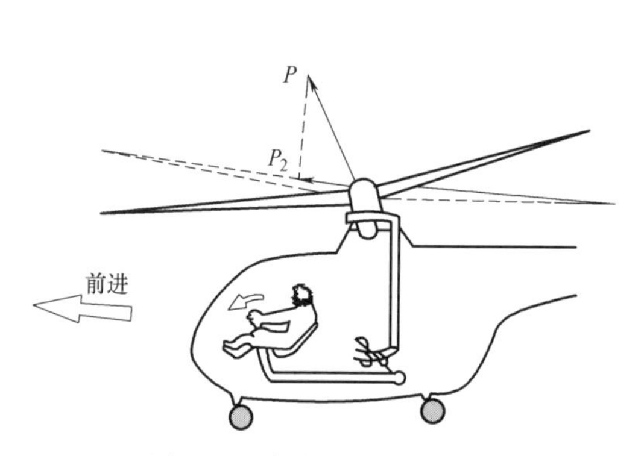

图 6-15　直升机前进的操纵

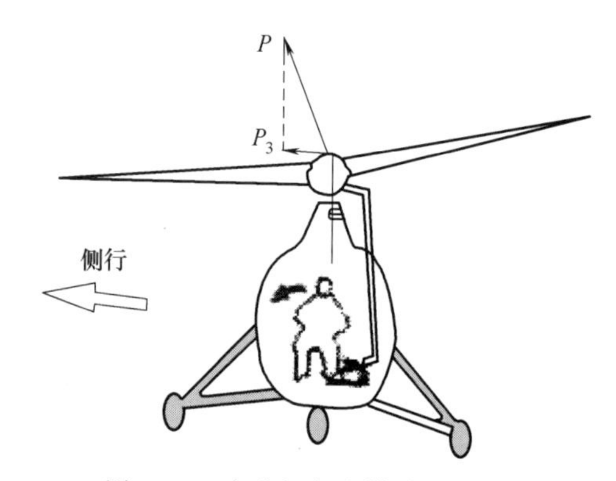

图 6-16　直升机向左横移的操纵

航向操纵：旋转航向主要是通过尾桨控制的，尾桨操纵机构主要由钢索、链条、链轮、滑动操纵杆、操纵变距环等组成。当操纵脚蹬时，通过钢索、链条、链轮、涡轮，可使桨距操纵杆带着三叉头伸缩，于是桨距拉杆便改变尾桨的桨距，使尾桨拉力发生变化，从而达到操纵直升机绕立轴转动航向的目的（图 6-17）。

(3) 直升机十字盘

直升机自动倾斜盘简称倾斜盘，俗称十字盘，如图 6-18 所示。

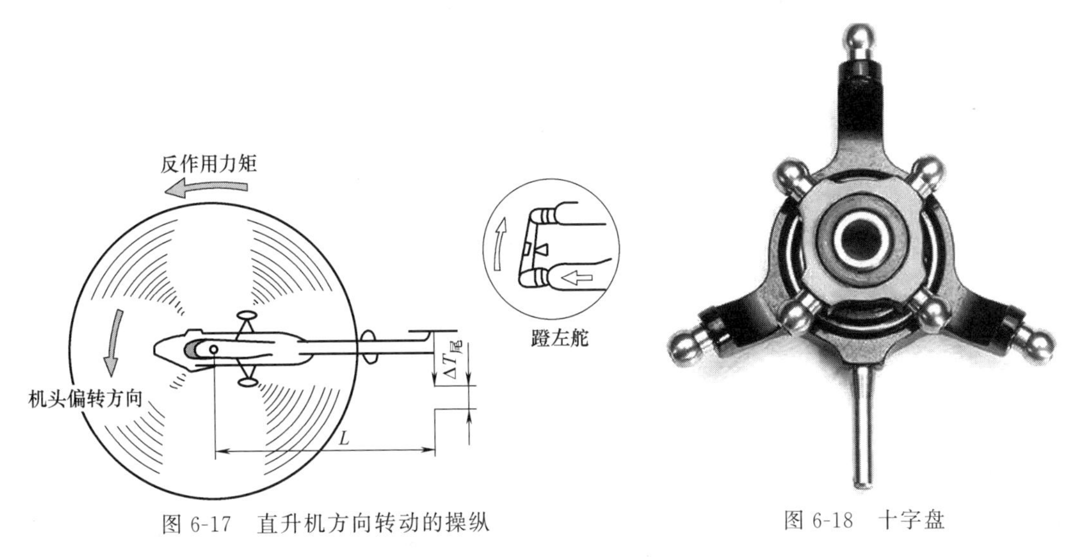

图 6-17 直升机方向转动的操纵　　图 6-18 十字盘

十字盘是用于传递操作指令实现总距操纵和周期变距操纵的机械机构。自动倾斜器发明于 1911 年，由于它的出现，直升机的复杂操纵也得以实现，现已应用在所有直升机上。其构造形式虽有多种，但工作原理基本相同。一般由与操纵线系相连的不旋转件和与桨叶变距拉杆相连的旋转件组成。不旋转件通过轴承与旋转件相连。由操纵线系输入的操纵量，经过不旋转件转换成旋转件的上下移动和倾斜运动，再由旋转件通过与桨叶变距摇臂相连的桨叶变距拉杆去改变桨叶桨距，使旋翼拉力的大小和方向改变，从而实现直升机的飞行操纵。倾斜盘旋转件的转动由与旋翼桨毂相连的扭力臂带动。倾斜盘在结构上要保证纵向、横向和总距操纵的独立性。

直升机上升或者下降时，操纵总距杆上移，此时十字盘总体上移，通过十字盘转动部分连杆的传递作用使桨叶的攻角加大，从而控制飞行器的上升（直升机的旋翼通常是以相对固定的转速工作的，它通过改变旋翼的攻角来改变飞行状态），反之则下降。

周期距（cyclicpitch，横滚和俯仰）又称为循环螺距，是指在直升机旋翼做滚转或俯仰操作时，旋翼每旋转一周，旋翼总距的最大变化量。当操纵控制飞机前、后、左、右运动的操纵杆时，通过一定的机械结构传动，最终使十字盘相应的前、后、左、右倾斜，达到控制直升机旋盘相应的前、后、左、右倾斜，从而实现控制飞行器的前、后、左、右运动。典型的十字盘结构类型如图 6-19 所示。

(4) 直升机的操纵系统

直升机的操纵系统是指传递操纵指令，进行总距操纵、变距操纵和脚操纵（或航向操纵）的操纵机构和操纵线路。总距操纵用于实现直升机的升降运动；变距操纵用于实现直升机的前、后、左、右运动；航向操纵用于改变直升机的飞行方向。图 6-20 和图 6-21 所示为直升机的旋翼操纵机构和尾桨操纵机构。

① 总距操纵。总距操纵是用来操纵旋翼的总距桨距，使各片桨叶的安装角同时增大或减小，从而改变旋翼拉力的大小。当拉力大于直升机重力时，直升机就上升，反之，直升机则下降，如图 6-22（a）所示。旋翼总距桨距改变时，旋翼的需用功率也随着改变。因此，必须相应地改变发动机的油门，使发动机的输出功率与旋翼的需用功率相匹配以保持旋翼速

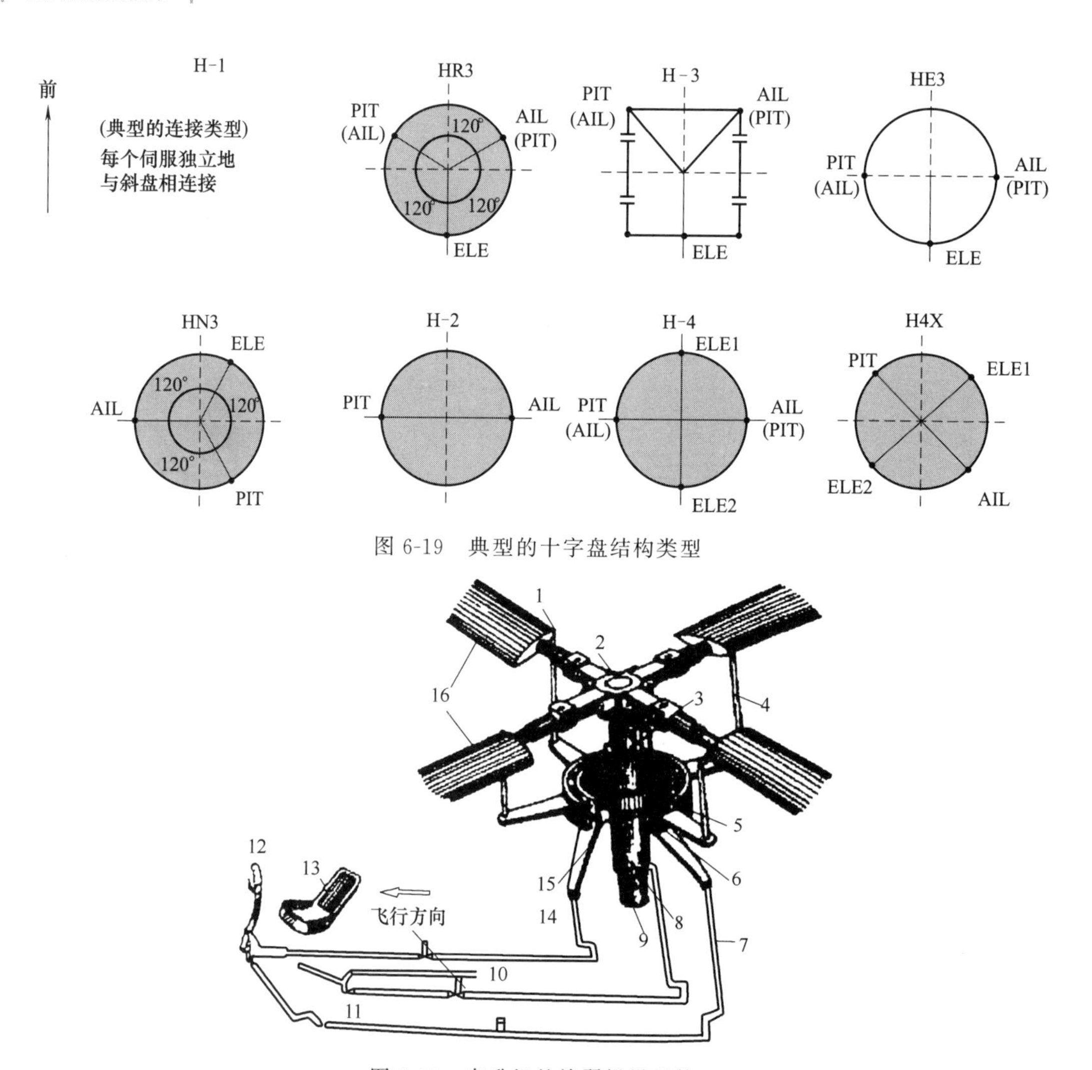

图 6-19 典型的十字盘结构类型

图 6-20 直升机的旋翼操纵机构

1—桨叶摇臂；2—桨毂；3—拨杆；4—变距拉杆；5—外环；6—旋转环；7—横向操纵摇臂；8—滑筒；9—导筒；10—与发动机节气门连接；11—油门变距杆；12—驾驶杆；13—座椅；14—纵向操纵摇臂；15—内环；16—桨叶

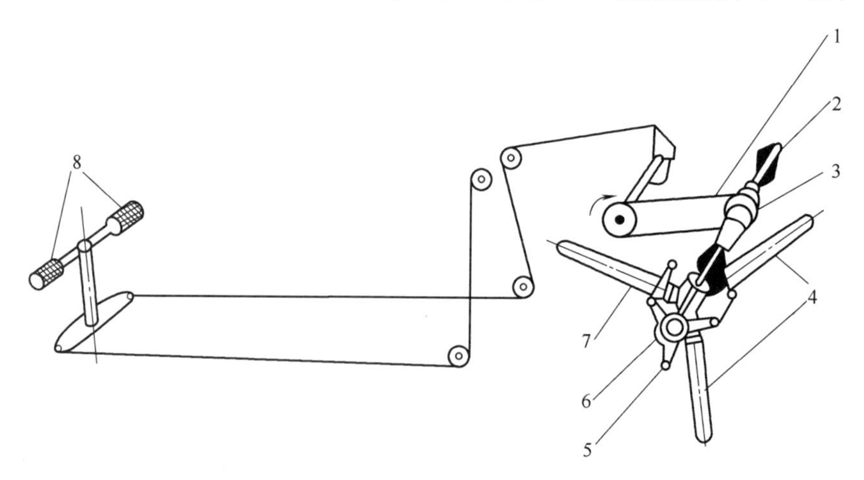

图 6-21 直升机的尾桨操纵机构

1—传动链条；2—滑动操纵杆；3—蜗杆套筒；4—桨叶纵轴；5—操纵变距环；6—轴；7—尾桨桨叶；8—脚蹬

度不变。为减轻驾驶员负担，发动机油门操纵和总距操纵通常是交联的。改变总距时，油门开度也相应地改变。因此，总距操纵一般又称为总距桨距-油门操纵。

② 变距操纵。变距操纵即为周期变距操纵，它通过自动倾斜器使桨叶的安装角周期性改变，从而使桨叶升力周期性改变，并由此引起桨叶周期性挥舞，最终导致旋翼锥体相对于机体向着驾驶杆运动的方向倾斜。由于拉力基本上垂直于桨盘平面，因而拉力也向驾驶杆运动方向倾斜，从而实现纵向（包括俯仰）及横向（包括滚转）运动。例如，当拉力前倾时，产生向前的分力，直升机向前运动；当拉力后倾时，产生向后的分力，直升机向后运动，如图6-22（b）所示。

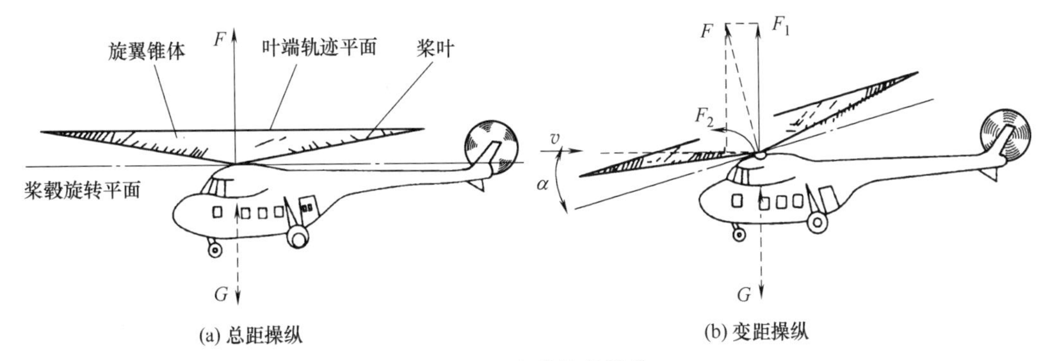

图6-22 直升机的操纵

③ 航向操纵。航向操纵是用方向舵操纵尾桨推力（或拉力）的大小，实现航向操纵。当尾桨的推力（或拉力）改变时，此力对直升机重心的力矩与旋翼的反作用力矩不再平衡，直升机绕立轴转动，使航向发生变化。

6.7 实操飞行检查注意事项

初学者进行实操飞行一定要耐心细致，循序渐进，不能粗心大意。前几次飞行一定要在教师的指导下进行，一般多次训练才能逐渐入门。另外，飞行前、中、后一定要充分做好以下检查和注意事项。

(1) 飞行前检查和注意事项

① 飞行前应进行全面的设备检查。

② 确保电池电量充足。

③ 飞行前应从地图上对飞行区地形地势进行初步了解，选择一个开阔无遮挡的场地进行飞行。不要超过安全飞行高度。

④ 每次飞行前都应检查电池电量和无人机的信号灯状态。

(2) 飞行中的注意事项

① 飞行时注意观察无人机的姿态，防止看不清楚飞行姿态发生事故。

② 确保无人机和飞行人员处于一个安全的航线上。

③ 飞行高度应尽量控制在5～10m，防止过高而看不清无人机。

④ 飞行过程中不要做危险特技。

⑤ 飞行时无人机电池没电后要及时降落。

⑥ 无人机要在视线范围内飞行，时刻保持对无人机的控制。

⑦ 要在 GPS 信号良好的情况下飞行。

⑧ 飞行距离控制在 100m 内，特殊情况下超距离飞行要征得教师的同意。

⑨ 无人机电动机温度过高时应打开头罩散热 5～10min，严禁在温度过高的情况下连续飞行。

(3) 飞行后的注意事项

① 每次飞行结束之后都要检查飞机螺旋桨、电动机有无损坏或过烫。

② 飞行结束之后要检查遥控器、电池电量。如要没电，应及时充电。

③ 对无人机搭载设备进行一个整体的检查。

④ 无人机降落快到地面时要慢慢下降，不能快速降落。

(4) 安全飞行原则

与固定翼无人机原则一致，详见 5.4.4 节。

6.8 模拟飞行训练

以凤凰模拟器为例：

1）新手在没有接触过真机的情况下，可以使用模拟软件来进行日常的操作训练，图 6-23 所示模拟软件里有一些直升机型号，可以选取其中的任意模型去进行日常无人机飞行的操控训练，以此来达到要求的飞行技术。

图 6-23　练习机模型

2）选取完练习机模型之后，就可以进行无人机飞行的操控训练，在这之前，初学者首先要了解遥控器的各个通道的功能，并弄清楚自己练习的遥控器是什么手（日本手、美国手、中国手）。

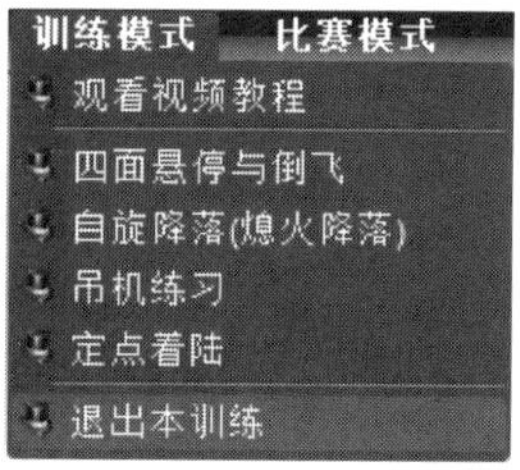

训练模式　比赛模式
观看视频教程
四面悬停与倒飞
自旋降落(熄火降落)
吊机练习
定点着陆
退出本训练

图 6-24　训练模式

3）首先进行的是无人机的各个通道训练，也叫四位悬停训练，在模拟器里找到“训练模式”，单击“四面悬停与倒飞”（图 6-24），进入界面之后，首先练习“仅升降舵”“仅副翼”。这两个通道完成之后，再继续练习两个通道相连的训练，也就是“升降舵＋副翼”的练习，完成训练之后，紧接着练习无人机的“对尾悬停”“对头悬停”“对左悬停”“对右悬停”，如图 6-25 所示。

图 6-25　通道训练

4）通道训练结束后，可以进行下一步的训练。

① 360°悬停：高度 1m 基本保持不变，保持在圈内范围内，无错舵，逆时针、顺时针都可，图 6-26 以俯视顺时针为例。

图 6-26　360°悬停

② 顺、逆时针停转 90°矩形航线飞行：顺时针、逆时针飞行各一圈，高度 1m 基本保持不变，沿白线飞行，速度均匀（1～2m/s）。图 6-27 以逆时针为例。

③ 对尾扫描航线飞行：高度 1m 基本保持不变，速度均匀（1～2m/s），白框范围内均匀 4 条纵向扫描航线。图 6-28 以由右向左飞行为例。

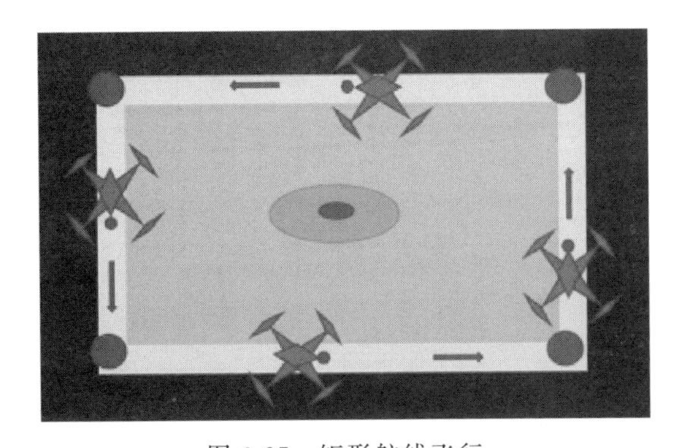

图 6-27　矩形航线飞行

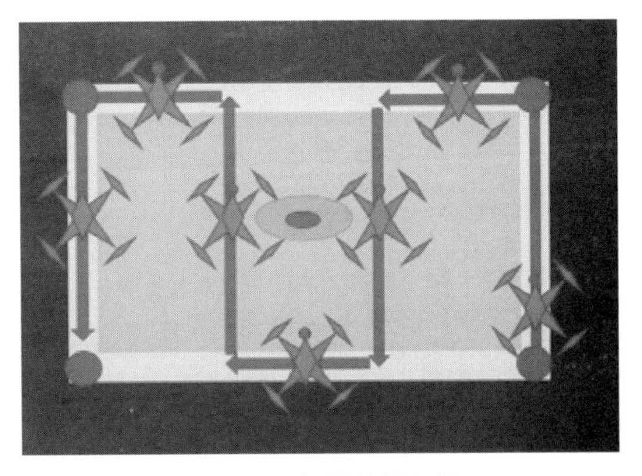

图 6-28　扫描航线飞行

本章小结

本章首先介绍了旋翼无人机的分类以及各种结构形式的作用，其次介绍了旋翼各结构的主要作用以及旋翼的主要参数，接着介绍了旋翼如何产生升力，继而介绍了旋翼机尾桨的各个作用以及直升机的特点，旋翼机的十字盘原理及作用性，然后介绍了旋翼机的操控性以及实操飞行需要注意的事项，最后介绍了旋翼机的模拟飞行怎么去进行训练。

习题

1. 什么是旋翼机？分别有哪些类型？
2. 旋翼机的尾桨有什么功能？
3. 旋翼机的尾桨有哪些结构？
4. 直升机的十字盘有什么作用？
5. 直升机实操飞行需要检查并注意哪些事项？
6. 模拟飞行时需要练习哪些操作？

第7章 地面站

【内容提要】 本章首先介绍了地面站基本知识、无人机常用坐标系；然后详细介绍了通过地面站调试软件 Mission Planner 进行飞控调试的方法，包括固件下载、加速度计校准、罗盘（指南针）校准、遥控器校准、飞行模式配置、失控保护处理、自动调参设置、系统参数设置、飞行日志下载与查看等方法。

7.1 地面站基本知识

现在有许多地面站调参软件，如匿名飞控地面站、QGC（Q Ground Control）地面站、Mission Planner 地面站、Cleanflight 等调参软件，这些地面站调参软件连接飞控，可以在地面站实时查看飞控状态、数据波形，执行飞控调试与校准、飞行模式设置等任务，对于开源软件，学习源码可以进一步掌握地面站通信原理。这里介绍目前比较流行的 Mission Planner 地面站调参软件。

7.1.1 地面站相关知识

无人机地面站也称控制站、遥控站或任务规划与控制站。在规模较大的无人机系统中，可以设置若干个控制站，这些不同功能的控制站通过通信设备连接起来，构成无人机地面站系统，如图 7-1、图 7-2 所示。

图 7-1 军用无人机地面站 1

图 7-2 军用无人机地面站 2

地面站的主要功能包括任务规划、操作控制、指挥调度、显示记录等。

① 任务规划功能 任务规划功能主要包括飞行航路规划与重规划、任务载荷工作规划与重规划。

② 操作控制功能　操作控制功能主要包括起降操作、飞行控制操作、任务载荷操作、数据链控制。

③ 指挥调度功能　指挥调度功能主要包括上级指令接收、系统之间联络、系统内部调度。

④ 显示记录功能　显示记录功能主要包括飞行状态参数显示与记录、航迹显示与记录、任务载荷信息显示与记录等。

7.1.2 地面站系统组成

1）硬件部分包括数据链路控制、飞行控制、载荷控制、载荷数据处理等四类硬件设备机柜或机箱。

2）软件部分包括三类不同功能控制站模块。

① 指挥处理中心：制定任务、完成载荷数据的处理和应用，一般都是通过无人机控制站间接实现对无人机的控制和数据接收。

② 无人机控制站：飞行操纵、任务载荷控制、数据链路控制和通信指挥。

③ 载荷控制站：载荷控制站与无人机控制站的功能类似，但载荷控制站只能控制无人机的机载任务设备，不能控制无人机的飞行。

3）地面站显示系统。

地面控制站内的飞行控制席位、任务设备控制席位、数据链管理席位都设有相应分系统的显示装置，因此需要综合规划，确定所显示的内容、方式、范围。

① 飞行参数综合显示：飞行与导航信息、数据链状态信息、设备状态信息、指令信息。

② 告警视觉：灯光、颜色、文字；听觉：包括语音、音调。一般分为提示、注意和警告三个级别。

③ 地图航迹显示：导航信息显示、航迹绘制显示和地理信息显示。

7.2 无人机常用的坐标系

1）无人机导航中常用坐标系包括地球中心坐标系（Earth Centered Earth Fixed Coordinate System，ECEF）、WGS-84 坐标系（World Geodetic Coordinate System 1984）、当地水平坐标系（North-East-Down Coordinate System，NED）、机体坐标系（Body Frame）、机体水平坐标系（Vehicle-carried NED Coordinate System）。

2）坐标系在无人机导航中的应用。

① 地球中心坐标系（ECEF）　ECEF 坐标系与地球固连，且随着地球转动。坐标原点位置在地球质心。X 轴通过格林尼治线和赤道线的交点，正方向为原点指向交点方向。Z 轴通过原点指向北极。Y 轴与 X 轴、Z 轴构成右手坐标系。

右手坐标系即符合“右手法则”的坐标系的统称，它以最简单的方式确定坐标轴和正方向。如图 7-3 所示，右手拇指、食指、中指呈“痉挛”状，其中任意两个手指与已确定的两个坐标轴及正方向重合，第三个手指的方向就是剩下坐标轴的正方向。

② WGS-84 坐标系　WGS-84 是地心坐标系、空间直角坐标系。坐标原点与地球质心重合，GPS 输出的就是该坐标系下的坐标数据，通过 GPS 可以直接获取 WGS-84 下的坐标（B，L，H），其中，B 为纬度，L 为经度，H 为大地高，即到 WGS-84 椭球面的高度。

WGS-84 坐标系的 X 轴指向 BIH（国际时间服务机构）于 1984 年定义的零子午面（Greenwich）和协议地球极（CTP）赤道的交点。Z 轴指向 CTP 方向。Y 轴与 X 轴、Z 轴构成右手坐标系，如图 7-4 所示。

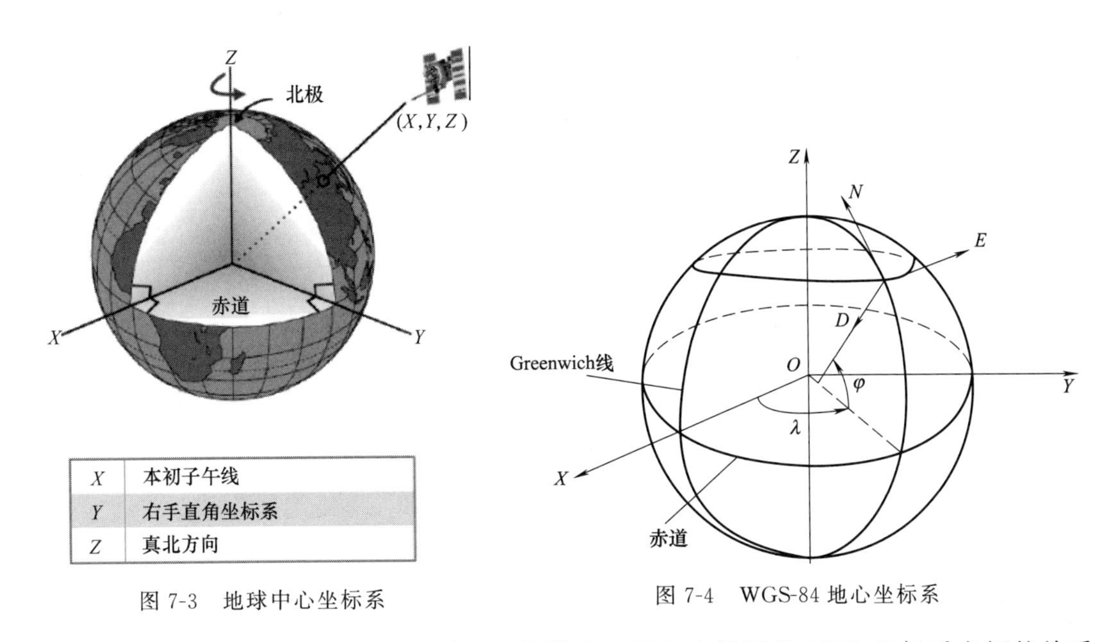

图 7-3 地球中心坐标系

图 7-4 WGS-84 地心坐标系

③ 当地水平坐标系（NED） 图 7-5 表明了 ECEF 坐标系和 NED 坐标系之间的关系。NED 坐标系是在导航计算时使用的坐标系，向量分别指向北、东、地，因此 NED 坐标系也称“北东地坐标系”。

GPS 可以获得在 WGS-84 中的速度向量，为了方便使用速度向量控制无人机，还要把它转换到无人机所在位置的“平面坐标系”下，也就是 Local NED。

④ 机体坐标系 机体坐标系符合右手法则，原点在飞行器重心处，OX 轴平行于机身轴线且指向机头前进方向，OY 轴垂直于对称面且由原点指向飞行器右翼，OZ 轴垂直于 OX 轴且根据 OX 轴、OY 轴由右手法则确定方向，如图 7-6 所示。

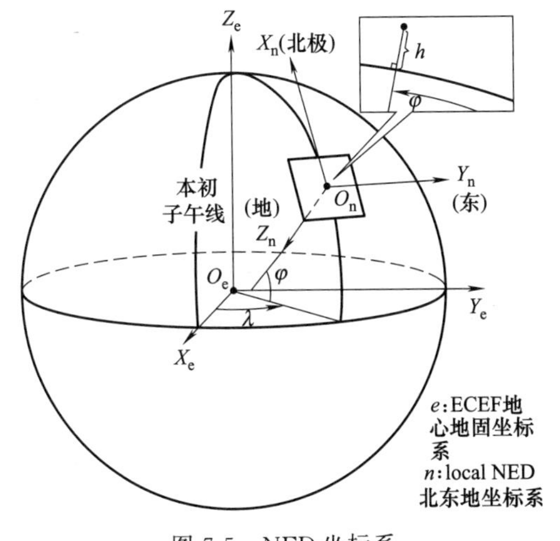

图 7-5 NED 坐标系

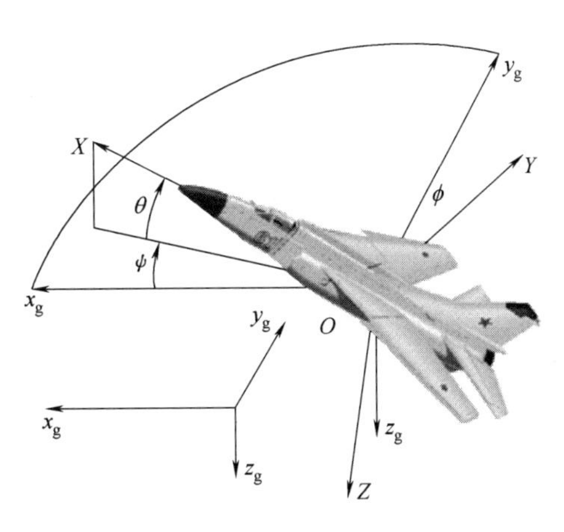

图 7-6 机体坐标系

机体坐标系是无人机惯性导航的基础坐标系，IMU 中获得的加速度状态信息就是该坐标系下的数值。当我们获取 IMU 输出的 X 轴加速度信息时，是基于机体坐标系的，不能直接应用在 NED 坐标系下。

a. 地面坐标系：x_g 轴、y_g 轴、z_g 轴构成地面坐标系，原点 O，x_g 轴在水平面内指向机头方向，z_g 轴垂直于地面并指向地心，y_g 轴在水平面内垂直于 x_g 轴，其方向按右手定则确定。

b. 欧拉角是用来确定定点转动机体位置的一组独立的角参量，由机体坐标系与地面坐标系之间的夹角关系确定。

俯仰角 θ（Pitch）：机体坐标系 X 轴与水平面的夹角。当 X 轴的正半轴位于过坐标原点的水平面之上（抬头）时，俯仰角为正，否则为负。

偏航角 ψ（Yaw）：机体坐标系 X 轴在水平面上投影与 x_g 轴之间的夹角，由 x_g 轴顺时针转至机体 X 轴为正，即机头右偏航为正，反之为负。

滚转角 ϕ（Roll）：机体坐标系 Z 轴与通过机体 X 轴的铅垂面间的夹角，机体向右滚为正，反之为负。

7.3 地面站调试软件 Mission Planner

Misson Planner 主界面左上方为主菜单按钮：“飞行数据”实时显示飞行姿态与数据；“飞行计划”是任务规划菜单；“初始设置”用于固件的安装与升级以及一些基本设置；“配置/调试”包含详尽的 PID 调节、参数调整等菜单；“模拟”是 Pixhawk（刷入模拟器固件）作为一个模拟器在计算机上模拟飞行时使用；“终端”是一个类似 DOS 环境的命令行调试窗口，功能非常强大。如图 7-7 所示。

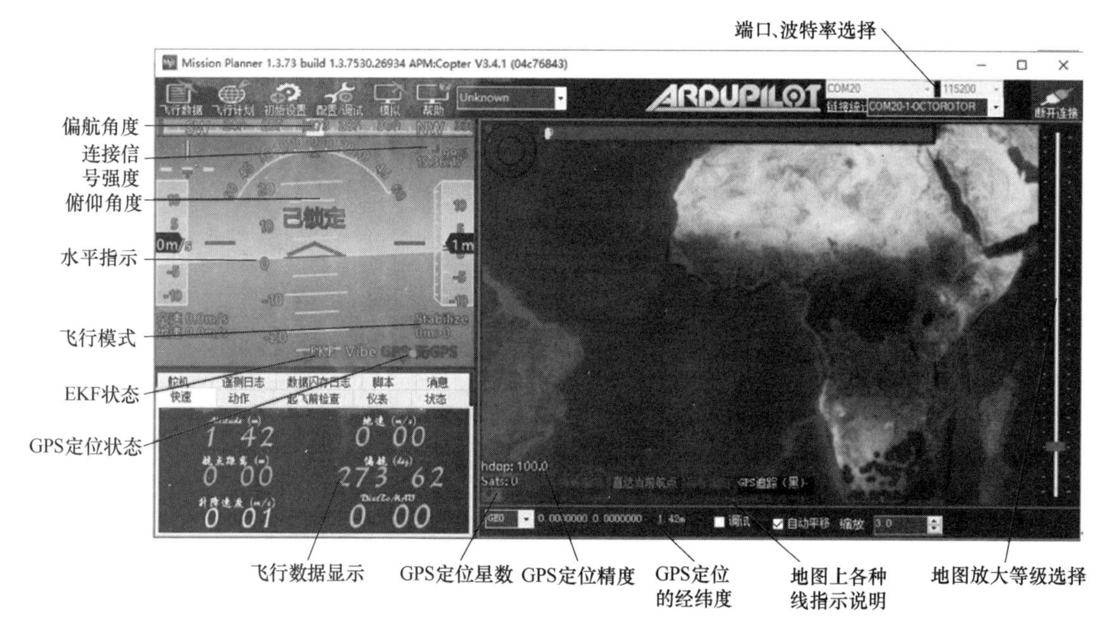

图 7-7 Misson Planner 地面站调试软件

如需选择中文版本，单击“配置/调试”按钮，选择“UI”，选择“chinese（Simplified)”，之后软件会重启。

7.3.1 飞控调试

(1) 下载刷入固件

打开 Mission Planner，选择对应的 COM 口，波特率选择“115200”。注意不要单击“connect”（连接）按钮。不要用无线数传安装固件，因为它缺少 reset 信号，无法给 Pixhawk 复位，会导致安装失败，如图 7-8 所示。

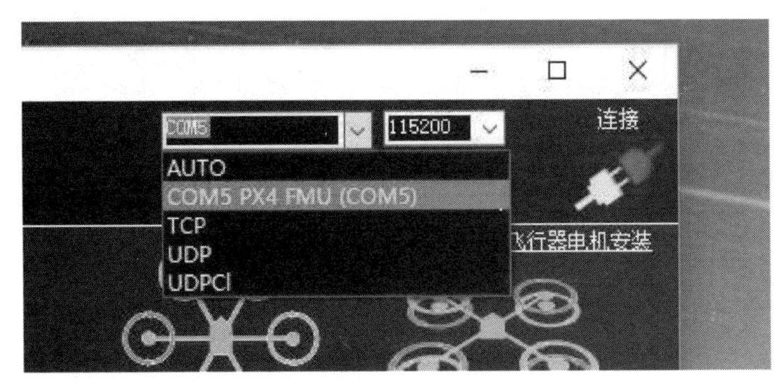

图 7-8 串口选择

单击“初始设置”按钮，MP 提供两种安装固件方式：Install Firmware（手动模式）和 Wizard（向导模式）（安装过程中检索端口，如果端口没有有效释放，后续的固件烧录会提示不成功）。推荐 Install Firmware（手动模式）安装，如图 7-9 所示。

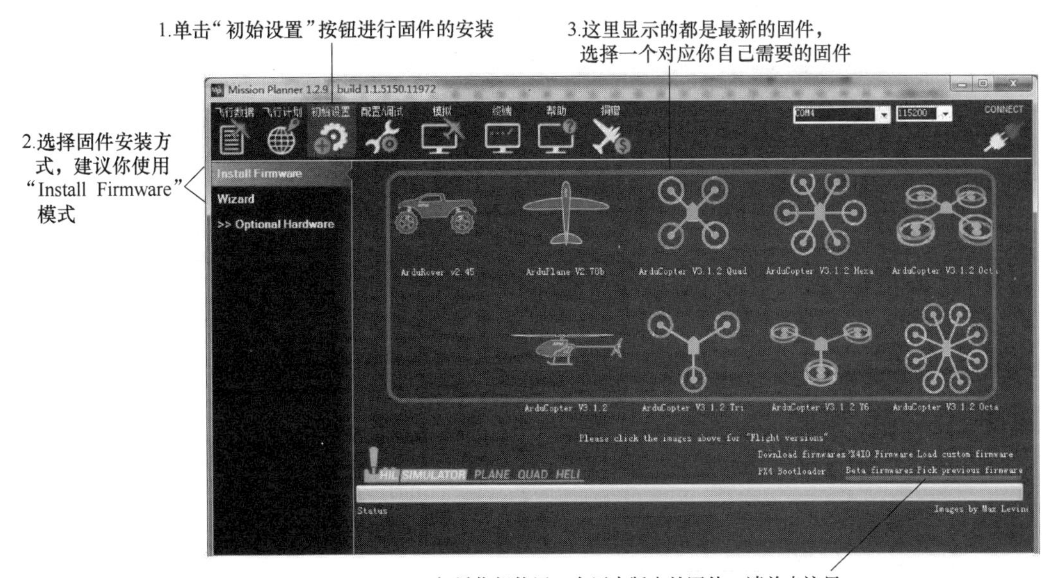

图 7-9 固件安装方式

单击“Install Firmware”按钮，自动下载最新的固件并图形化固件类型，单击固件类型，自动安装该固件，在连接过程中会弹出提示，如图 7-10 所示。

拔下 USB 线，单击“OK”按钮，插上 USB 线，然后自动完成连接，写入、校验、断开连接也自动完成。在安装完成后，3.1 以上版本会弹出一个警告框，解锁后电动机会怠速运行，使用 MOT_SPIN_ARMED 参数可配置该功能。

提示 Done（成功）后，单击右上角“connect”（连接）按钮，可以查看实时运行姿态与数据。

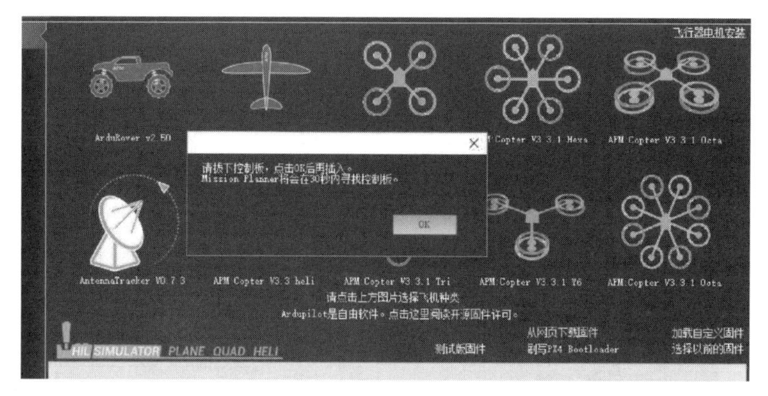

图 7-10 固件安装提示

(2) 加速度计校准

加速度计校准按照以下 6 个步骤进行，注意每次均按 Enter 键确认，如图 7-11 所示。

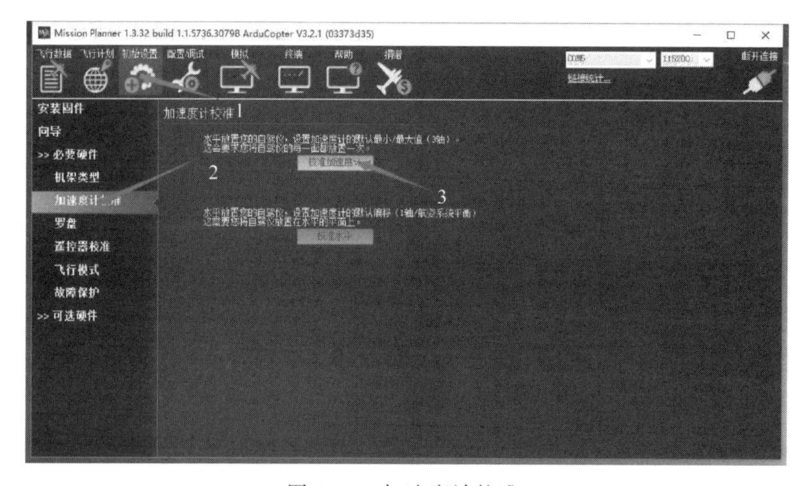

图 7-11 加速度计校准

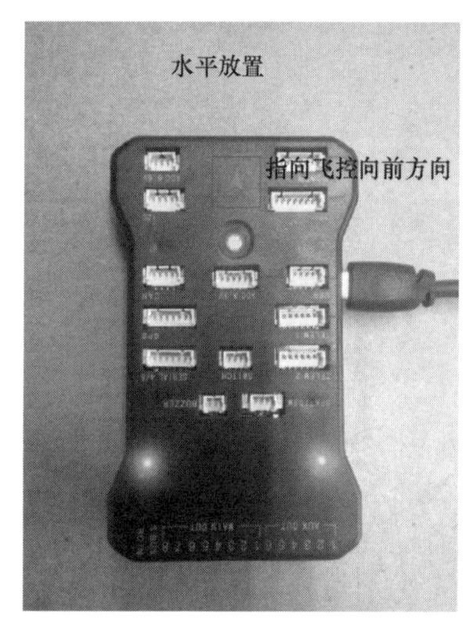

图 7-12 水平放置校准

① Place vehicle Level and press any key（水平放置）完成后按 Enter 键保存，如图 7-12 所示。

② Place vehicle on its LEFT side and press any key（向左边放置）完成后按 Enter 键保存，如图 7-13 所示。

③ Place vehicle on its RIGHT side and press any key（向右边放置）完成后按 Enter 键保存，如图 7-14 所示。

④ Place vehicle nose DOWN and press any key（向下放置）完成后按 Enter 键保存，如图 7-15 所示。

⑤ Place vehicle nose UP and press any key（向上放置）完成后按 Enter 键保存，如图 7-16 所示。

⑥ Place vehicle on its BACK and press any key（反面放置）完成后按 Enter 键保存，如图 7-17 所示。

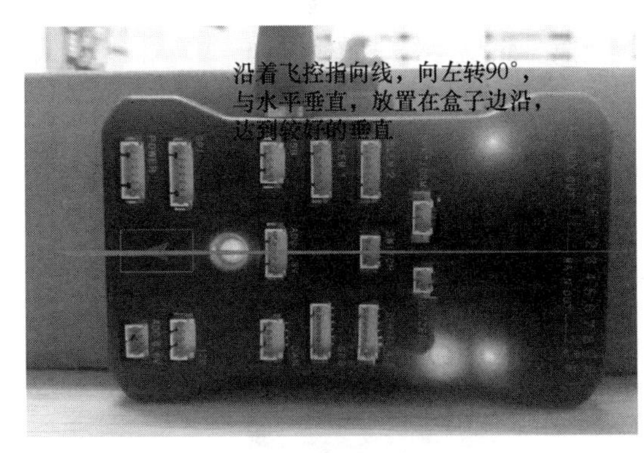

图 7-13 向左边放置校准

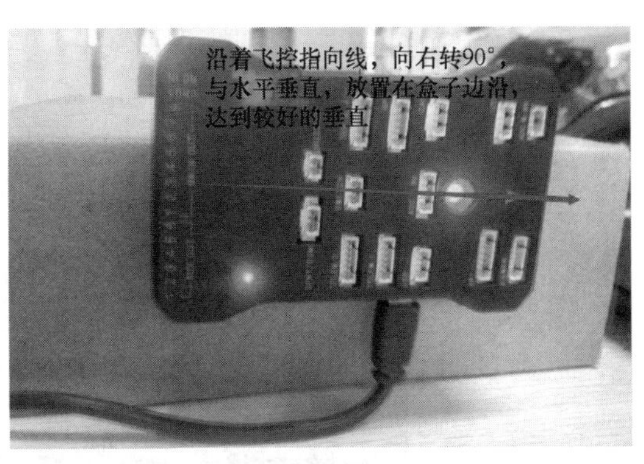

图 7-14 向右边放置校准

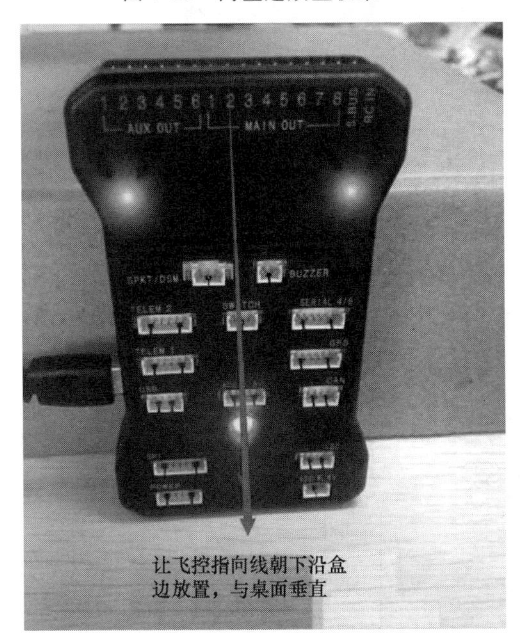

图 7-15 向下放置校准

图 7-16 向上放置校准

(3) **罗盘**（指南针）**校准**

罗盘（指南针）校准的页面跟上面的加速度校准一样在同一个菜单下，单击“初始设置”按钮，在“必要硬件”菜单下选择罗盘（指南针）选项，按图 7-18 勾选对应的设置以后单击“现场校准”按钮，弹出一个校准框，转动飞控，如图 7-19 所示。

飞控转动方向采用如图 7-20 所示动作校准。

在转动的过程中，系统会不断记录罗盘传感器采集的数据，此时 Samples 数据量不断累加，如果 Samples 数据没有变化，检查罗盘是否已经正确连接，转动这些白点，单击“Done”按钮，结束后会弹出校准值，如图 7-21 所示。

单击“OK”按钮保存罗盘（指南针）校准，当数值小于 400（绿色）代表数值正常可用，当数值大于 400（黄色）代表警告，当数值超过 600（红色）代表完全不可用。

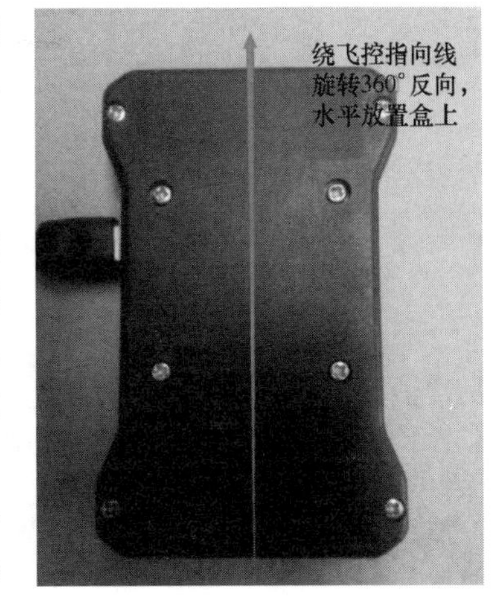

图 7-17 反面放置校准

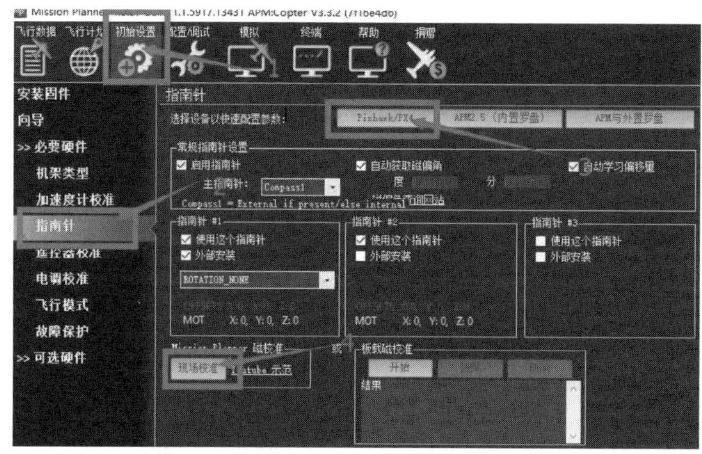

图 7-18　指南针校准

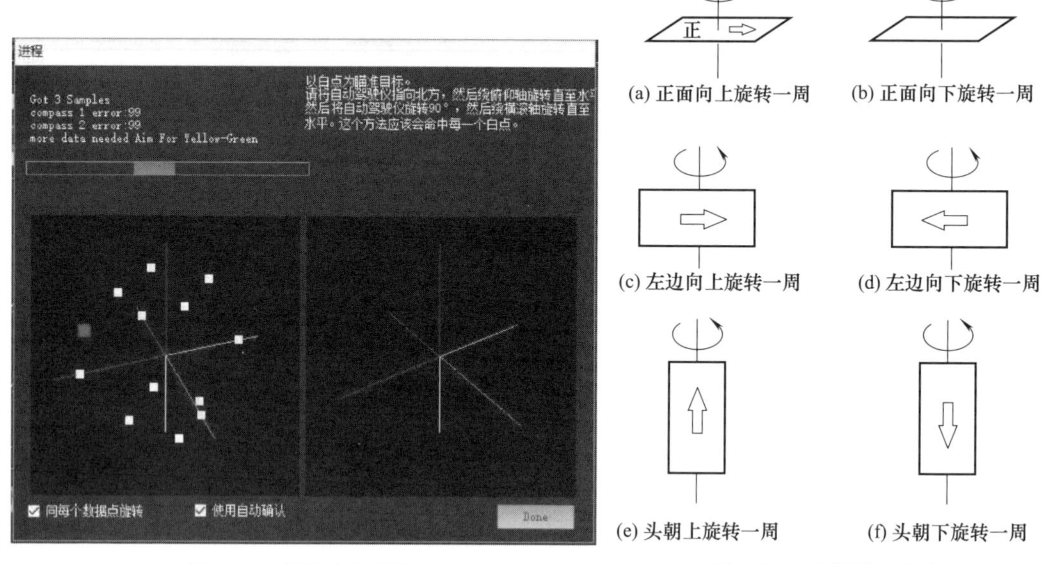

图 7-19　校准方向指示

图 7-20　飞控转动方向

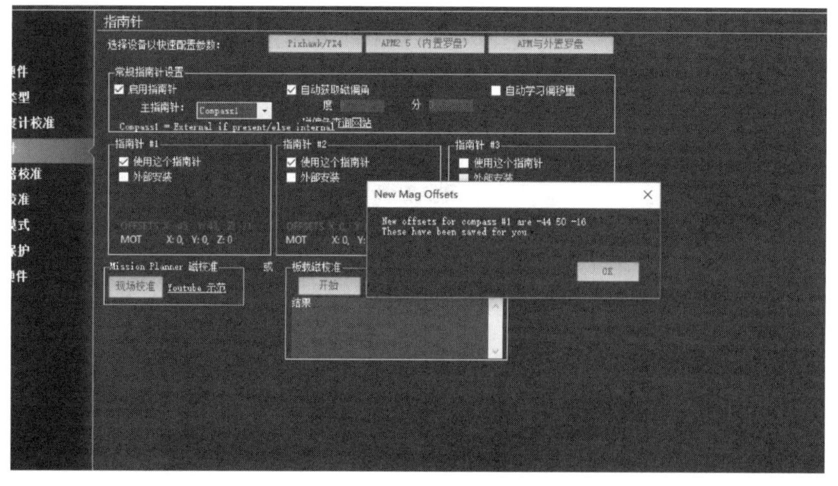

图 7-21　指南针校准完成

如果GPS带有罗盘，连接罗盘线，校准框中会出现两个转动的球形，安装方向要一致。如果外置罗盘没有校准，解锁会失败，如图7-22所示。

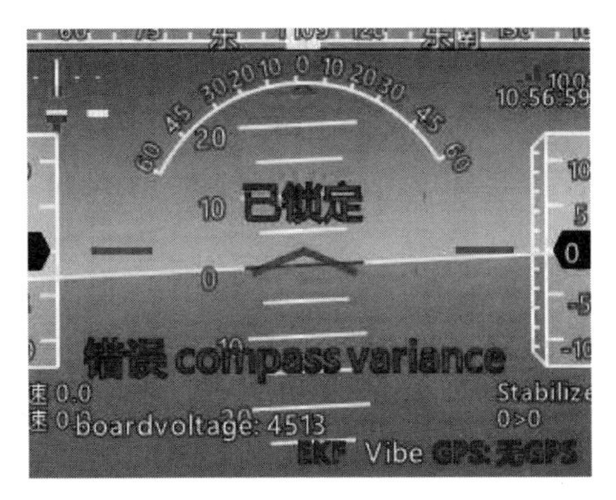

图7-22 罗盘没有校准导致无法解锁

(4) 遥控器校准

先按要求连接接收机，然后连接USB数据线（或者通过数传连接），以天地飞WFT07为例，进行遥控器接收机对码。

① 按MENU键，向上推电源键开机，进入“系统设置”菜单（图7-23），选择机型1，“机型设置”选择多旋翼，“控制杆设置”选择模式2，设置完毕重启遥控器。

② 按MENU键，进入“参数设置”菜单，选择“正反设置”菜单，选择副翼→逆、升降→逆、油门→正、方向→逆。按EXIT键保存退出，如图7-24所示。

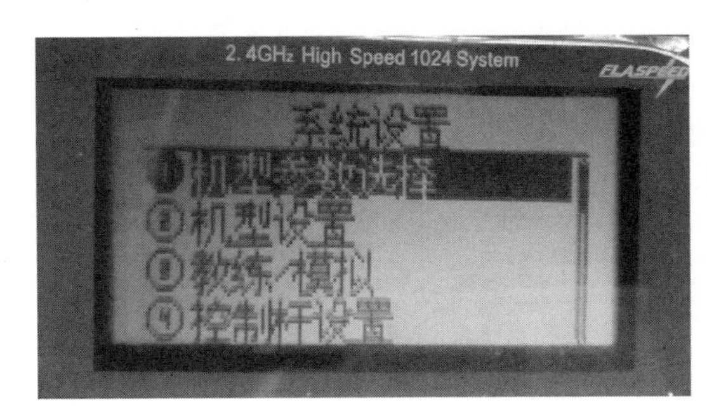

图7-23 系统设置菜单

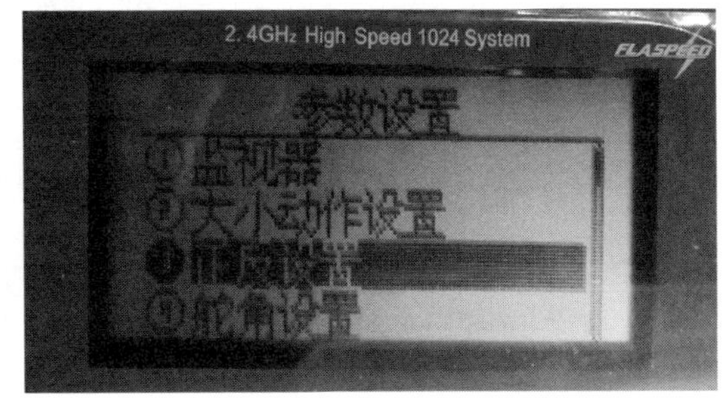

图7-24 副翼、升降、油门、方向设置菜单

运行Mission planner，选择波特率与端口，单击“connect”（连接）连接飞控，单击“初始设置”→“必要硬件”→“遥控器校准”→“校准遥控”按钮，如图7-25所示。

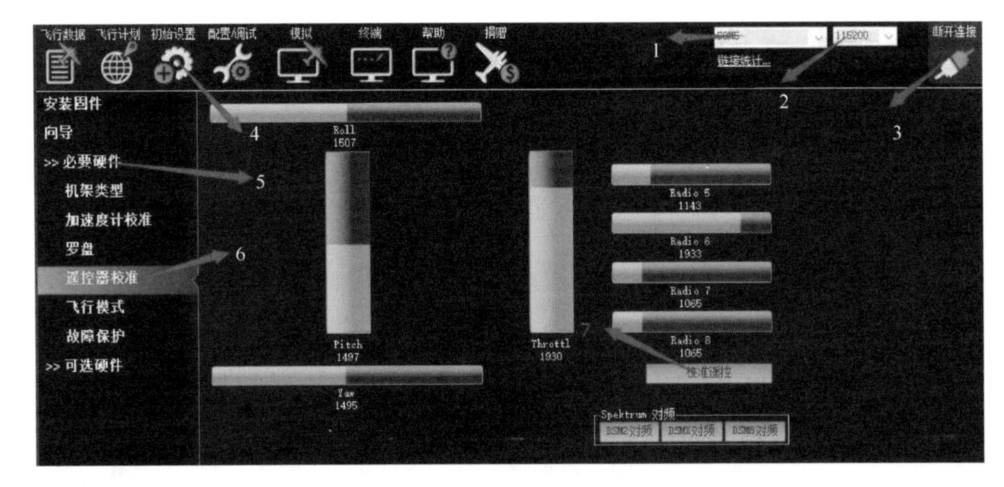

图7-25 遥控器校准

依次弹出两个提醒：确认你遥控发射端已经打开且接收机已经通电连接；确认你的电动

机没有通电，如图 7-26 所示。

然后单击“OK”按钮并拨动遥控开关，使每个通道的红色提示条移动到上下限的位置，单击“完成时点击”按钮保存校准值，如图 7-27 所示。

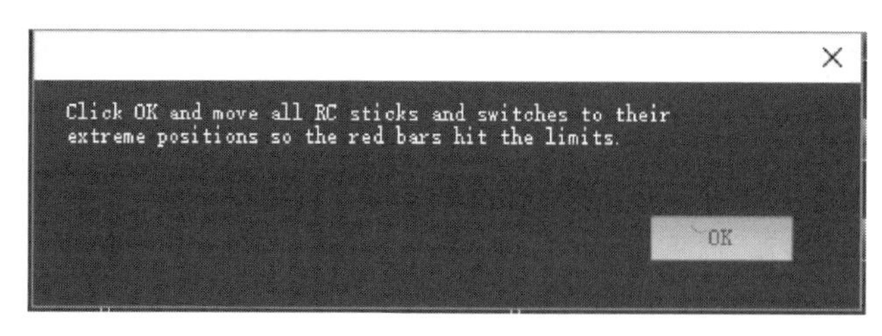

图 7-26 遥控器校准提示信息

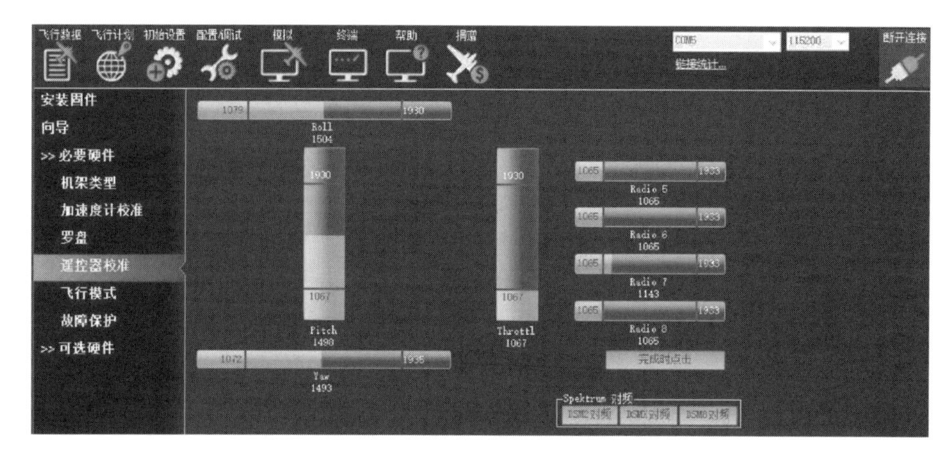

图 7-27 遥控器校准值

(5) 飞行模式配置

飞行模式有多种，但一般只能设置 6 种，加上 CH7、CH8 辅助，最多也就有 8 种。单击“初始设置”→“必要硬件”→“飞行模式”，就会弹出如图 7-28 所示的飞行模式配置界面。

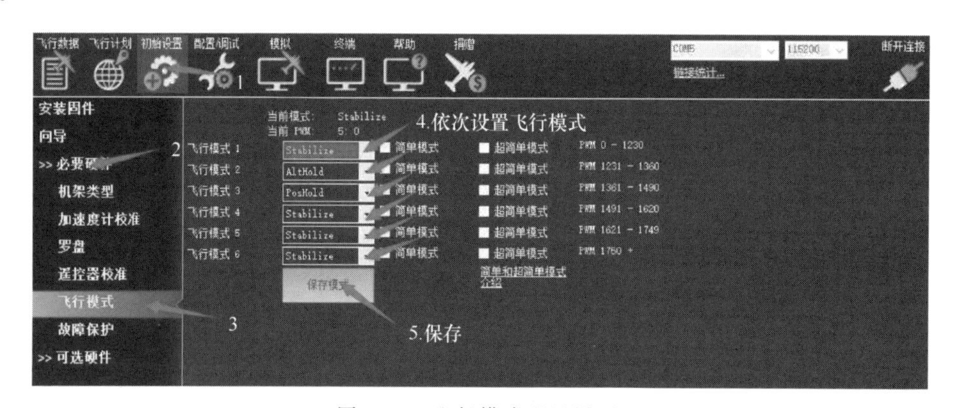

图 7-28 飞行模式配置界面

图 7-28 所示飞行模式配置界面中，6 种飞行模式对应不同的 PWM 值，可选择开启简单模式或者超简单模式，可设置遥控器模式切换开关对应飞行模式，飞行模式 1 设置为 Stabilize（自稳模式），飞行模式 2 设置为 AltHold（定高模式），飞行模式 6 设置为 RTL（自

稳模式)，便于出现问题时一键返航。

飞行模式 1 Stabilize（自稳模式）对应的当前 PWM 值如图 7-29 所示。

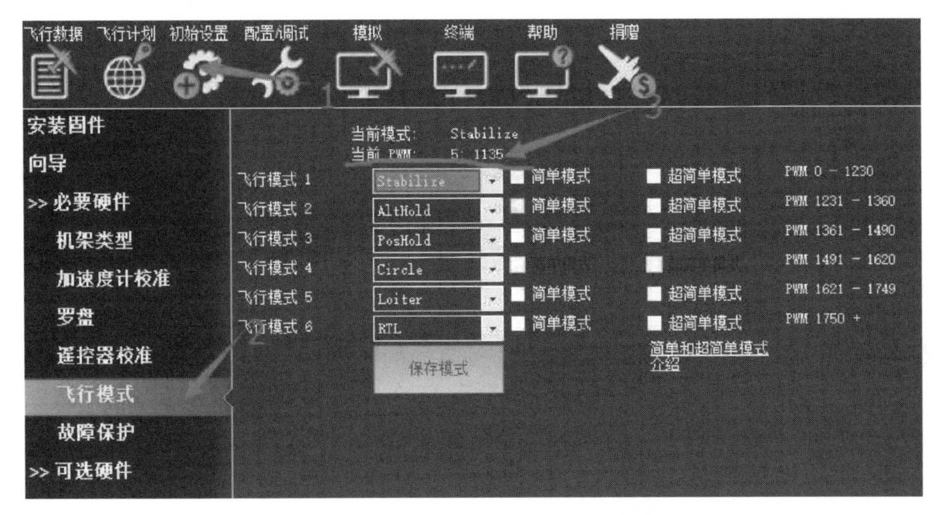

图 7-29 Stabilize（自稳模式）模式

(6) 飞行模式含义及设置方法

飞行模式包括自稳模式（Stabilize Mode）、特技模式（Acro Mode）、高度保持模式（AltHold Mode）、自动模式（Auto Mode）、定点模式（PosHold Mode）、返航模式（RTL Mode）、引导模式（Guided Mode）、留待模式（Loiter Mode）、绕圈模式（Circle Mode）、飘移模式（Drift Mode）、运动模式（Sport Mode）、翻转模式（Flip Mode）、自动调参模式（AutoTune Mode）、降落模式（Land Mode）、制动模式（Brake Mode）等。

1）自稳模式（Stabilize Mode）。

Roll 与 Pitch 摇杆用于控制飞行器的倾斜角度，当松开 Roll 与 Pitch 摇杆时，飞行器将会自动水平。

在有风的环境中，需要不断地修正 Roll 与 Pitch，让模型定点停留。

用 Yaw 摇杆控制转向速度，当松开 Yaw 摇杆时，飞行器将会保持朝向不变。

油门摇杆用于控制电动机的平均转速，如果想保持高度，需要不断地修正油门。

油门摇杆会根据模型的倾斜角度自动调整（例如在倾斜过大的时候会自动增大油门），以弥补飞行器倾斜带来的高度变化。

在 AC3.0.1 及以前的固件中，飞行器只有在自稳或者特技模式下才能解锁。Stabilize Mode（自稳模式）如图 7-30 所示。

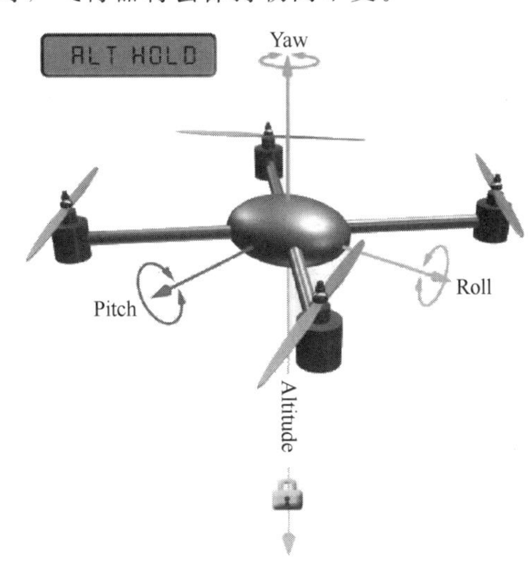

图 7-30 Stabilize Mode（自稳模式）

2）特技模式（Acro Mode）。

特技模式是仅基于速度控制的模式，提供了遥控器摇杆到飞行器电动机之间最直接的控制关系。在特技模式下飞行，就像不装飞控的遥控直升机一样，需要持续不断地手动操纵摇杆。

3）高度保持（定高）模式（AltHold Mode）。

在定高模式下，飞控自动控制油门，从而保持高度不变。Roll、Pitch 和 Yaw 的操作与自稳模式一样，直接控制无人机的转动角度和朝向。其特点适用于多种飞行模式（如 Loiter、Sport 等）模式。

① 控制：油门杆用于控制飞行器上升或下降的速度。

当油门杆保持中挡（40%～60%），飞行高度不变。超出这个范围，飞行器会不同程度地（由油门杆控制）上下浮动。上升和下降最大值是 2.5m/s。最大值用飞行参数 PILOT_VELZ_MAX 设定。

② 起飞：当油门杆在中挡以上时，油门达到起飞油门，当再继续推高油门杆，无人机就能起飞。

③ 降落：在定高模式下降落，电动机转速不会马上降低，这时不要立即上锁，否则可能导致无人机翻转坠毁，应该等待无人机检测到降落，电动机转速降低之后再加锁。

4）自动模式（Auto Mode）。自动（自主）模式如图 7-31 所示，将会按照任务脚本飞行，预先编写自主导航航点、命令、事件等任务脚本，并储存在飞控上。任务脚本可以是一组航点，或者是复杂的动作，如起飞、旋转 n 次、照相等。

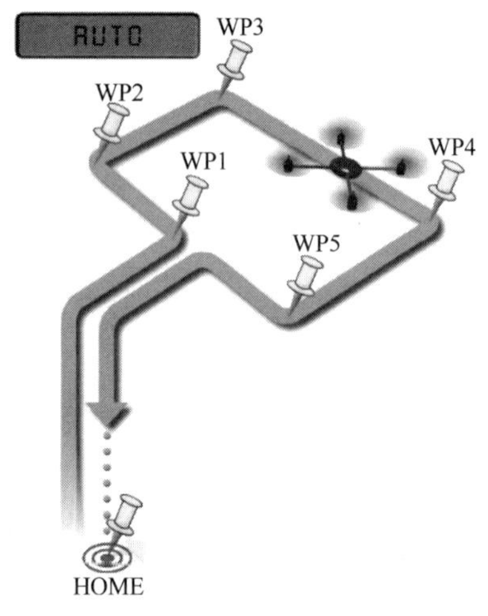

图 7-31　Auto Mode（自动模式）

自动模式依赖于 GPS，任务脚本依靠 GPS 获得位置信息，在解锁和起飞前必须先进行 GPS 定位。飞控和 GPS 模块的 LED 灯指示 GPS 已完成定位：Pixhawk 上的 LED 指示红色；GPS＋罗盘模块上的 LED 闪烁。

① 在地面和空中使用自动模式。

a. 飞行器从地面以自动模式起飞时，为防止因不小心碰到模式开关导致飞行器自动起飞执行任务脚本，设置了安全装置——解锁并首次抬高油门后，才能自动飞行。最近一次的定高油门值作为油门控制基准。一旦飞行器起飞，就会飞向第一个目标高度，开始执行之后的任务脚本。

b. 当飞行器已经在空中的时候切换到自动模式，会使飞行器前往第一个目标高度，开始执行当前的任务脚本。

② 结束任务。

任务脚本执行完成之后，飞行器不会飞回家，它只会悬停在最后的脚本所在位置。如果想让它飞回家，可以添加一个 RTL（回家）命令结束当前的任务脚本，回家位置是 GPS 定位之后解锁时的位置。如果想要手动降落并锁定电动机，必须切换到自稳模式。

5）定点模式（PosHold Mode）。定点模式会自动试图保持当前位置、指向、高度。只有 GPS 位置良好、罗盘低电磁干扰、低振动，才能实现良好的留待性能。

控制特点：摇杆用于控制飞行器水平或垂直位置。

水平位置采用 Roll 和 Pitch 摇杆调整，默认最大倾斜角度为 45°（用 ANGLE_MAX 参数调整角度）。当松开摇杆，飞行器会反方向倾斜回到平衡位置。高度采用油门摇杆控制，如同定高模式。指向采用 Yaw 摇杆设定。

GPS 获得 3D 锁定并且 HDOP（可以在地面站首页查看精度）降至 2.0 或更低后可以在定点模式解锁。最大刹车角度用 PHLD_BRAKE_ANGLE 参数设定（如 3000＝载具会向后倾斜 30°）。载具向后倾至最大角度的速度用 PHLD_BRAKE_RATE 参数设定（如 8＝以每秒 8°向后旋转）。

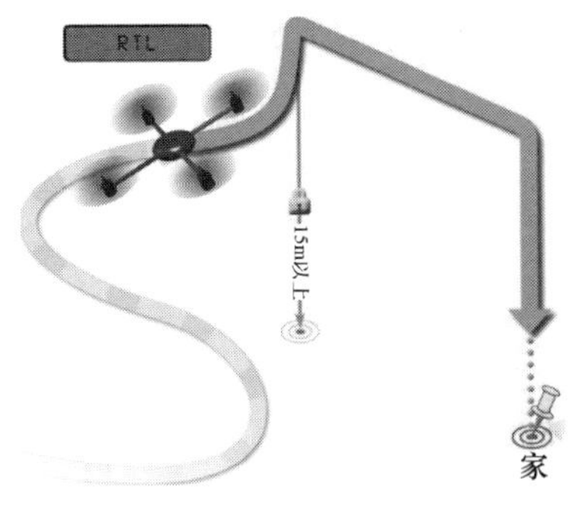

图 7-32　RTL Mode（返航模式）

6）返航模式（RTL Mode）。在返航模式下，飞行器会返回到家的位置，如图 7-32 所示。返航前飞行器会首先飞到 15m 以上高度，如果当前高度更高，会保持当前高度。

返航将飞行器返回解锁时的位置，家的位置始终是飞行器的 GPS 实际起飞位置或没有障碍物并且远离人群的位置。

① RTL_ALT：飞行器返航之前的最低高度。
参数设置为 0 时以当前高度返航；设置的返航高度为 1～8000cm，默认返航高度是 15m。

② RTL_ALT_FINAL：在返航最终阶段或是完成一个任务后，飞行器将会到达的高度。
参数设置为 0 时飞行器会自动着陆；最终返航高度可以在 0～1000cm 之间调整。

③ RTL_LOIT_TIME：最终下降前在家的位置上方悬停的时间，以 ms 为单位。
悬停时间在 0～60000ms 之间调整。

④ WP_YAW_BEHAVIOR：设置飞行器在任务和返航时 Yaw 控制方式。
0＝永不改变 Yaw。
1＝机头朝着下一个航点，或是机头朝着家返航。
2＝机头背对下一个航点，或是机头背对家返航。

⑤ LAND_SPEED：最终着陆阶段的下降速度，以 cm/s 为单位。
降落的速度可调范围为 20～200cm/s。

7）简单和超简单模式（Simple and Super Simple Modes）。

“简单”模式和“超级简单”模式与稳定、运动、飘移、降落等飞行模式结合使用，实现第一视角控制飞行。

简单模式用起飞时机头的方向控制飞行，仅需要较好的罗盘指向。

超简单模式用朝家的解锁位置方向控制飞行，需要较好的 GPS 定位。

这两个模式可以分配到某个飞行模式开关，也可以通过通道 7/通道 8 进行控制。

① 简单模式。

简单模式让飞行器按解锁时的方向飞行，不用管它转到什么方向。如果向前推 Pitch 摇杆，飞行器就会飞离；向后拉 Pitch 摇杆，飞行器就会朝家的方向飞回来。操纵 Yaw 摇杆可以任意旋转飞行器，用摇杆控制飞行器移动的操作与起飞操作相同，如图 7-33 所示。

② 超简单模式。

超简单模式和简单模式基本相同，不同之处是，在超简单模式下，飞行器的位置与家的

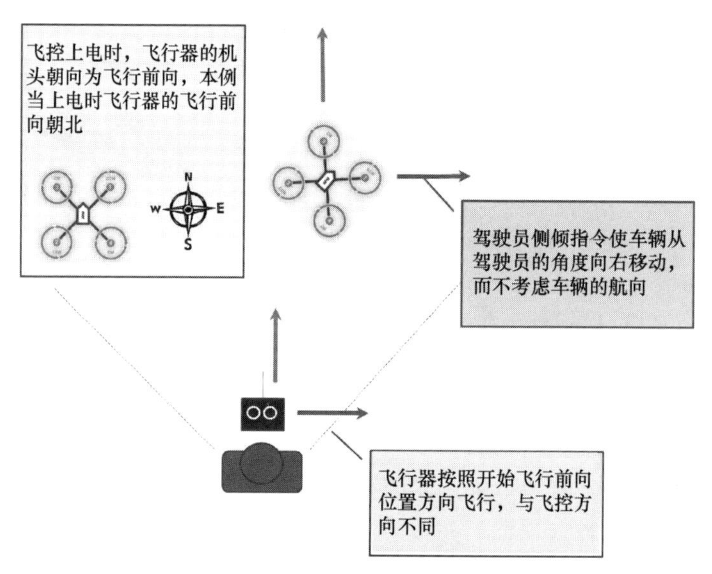

图 7-33 Simple Mode（简单模式）模式

位置相关联，不像简单模式那样飞行器按解锁时的方向飞。因此不用管模型在哪里，也不用管飞行器朝向哪里，只要向后拉 Pitch 摇杆，就会让飞行器朝家的方向飞，如图 7-34 所示。

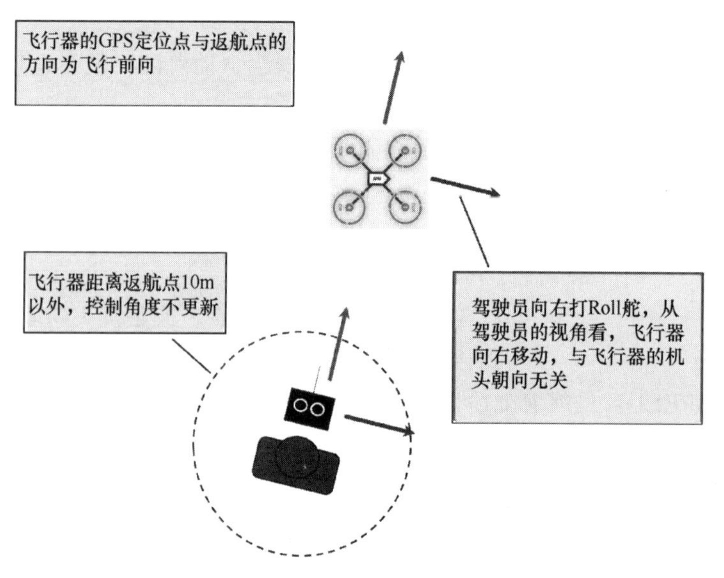

图 7-34 Super Simple Mode（超简单模式）模式

优点是即使飞行器飞到驾驶员或家的后面，也可以用自己的视角来控制。如果向右拉满 Roll 摇杆，飞行器就以驾驶员为中心顺时针绕圈飞。

缺点是这个模式需要 GPS 定位，所以要确保起飞之前 GPS 已经定位。

在解锁时站在模型后面，驾驶员和飞行器朝向应一致。

7.3.2 失控保护

(1) 普通失控保护

失控保护是在“故障保护”菜单中设置的，如图 7-35 所示。

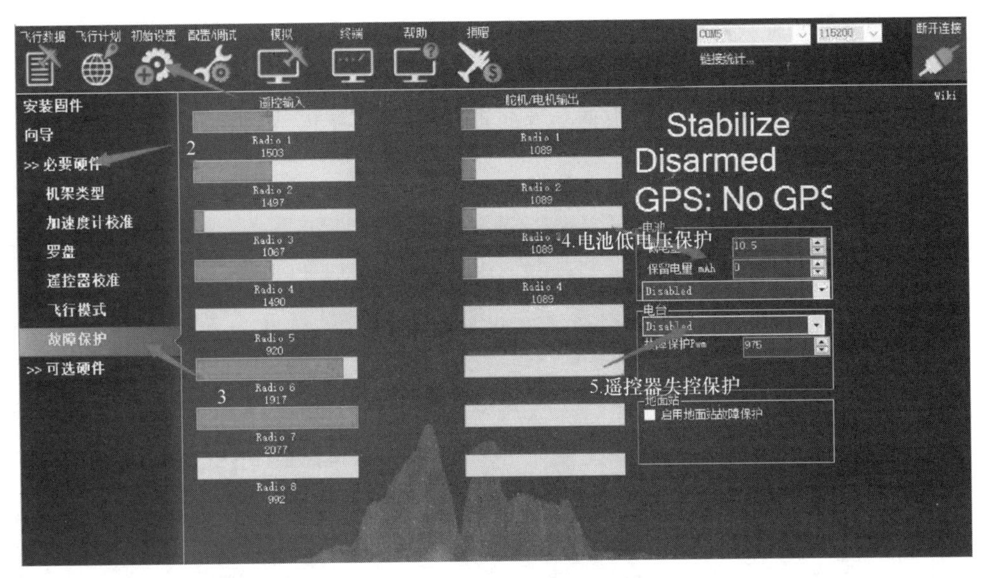

图 7-35 “故障保护”设置

触发失控保护的条件有油门 PWM、电池电压（需电流计）、遥控器、地面站等因素。当油门 PWM 值低于设定的值或者电池低于设定值，就可以启动失控保护。失控保护选项有 RTL（返航）、继续任务、LAND（着陆）等。

1）设定电池失控保护。

根据无人机耗电、电池容量、飞行距离设定保护电压，保证足够电量用于返航，远距离飞行设置单节电池 3.8V，近距离设置单节电池 3.6V，设定动作为 RTL（返航）。

2）设定电台失控（油门失控）保护。

遥控器油门 PWM 值低于预设保护值时，飞行器触发故障保护，以避免坠机，触发条件是遥控器故障、遥控器与飞行器失联。

在“故障保护”菜单中“电台”选项设置使能 RTL（返航），“故障保护 PWM”设置为默认“975”即可。遥控器端选择失控保护，设置油门通道失控保护 PWM 值最低值。

当油门故障保护触发，会出现以下情况之一。

① 电动机上锁：在自稳模式或者特技模式下，且油门为 0。

② 返航：GPS 已锁定，离家的位置至少 2m。

③ 降落：GPS 未锁定或离家 2m 内触发故障保护。

④ 继续执行任务：自动模式下，且故障保护选项为 Enabled_continue_in_auto_mode。

故障保护清除（油门在 975 以上），飞行器将保持在当前飞行模式，不会自动地返回故障保护触发之前的飞行模式。如果以自稳模式飞行，故障安全模式被触发，导致进入 RTL 模式，飞行模式开关必须切换到另一模式，然后再切换回自稳模式，才能恢复控制。

3）设定遥控器姿态失控保护。

在“故障保护”菜单中“电台”选项设置使能 RTL，“故障保护 PWM”设置为默认“975”即可，如图 7-36 所示。

(2) EKF（Extended Kalman Filter，扩展卡尔曼滤波器）故障失控保护

在 V3.2.1 之后固件版本出现该故障保护，集成了 GPS 失控保护；EKF 故障失控保护集成了罗盘、GPS两种故障，此种故障失控保护默认为降落，如图7-37、表7-1所示。

(3) 地面站故障保护

通过地面站数传控制飞行，当地面站发生故障或者计算机死机且失联超过5s时会触发地面站故障保护。

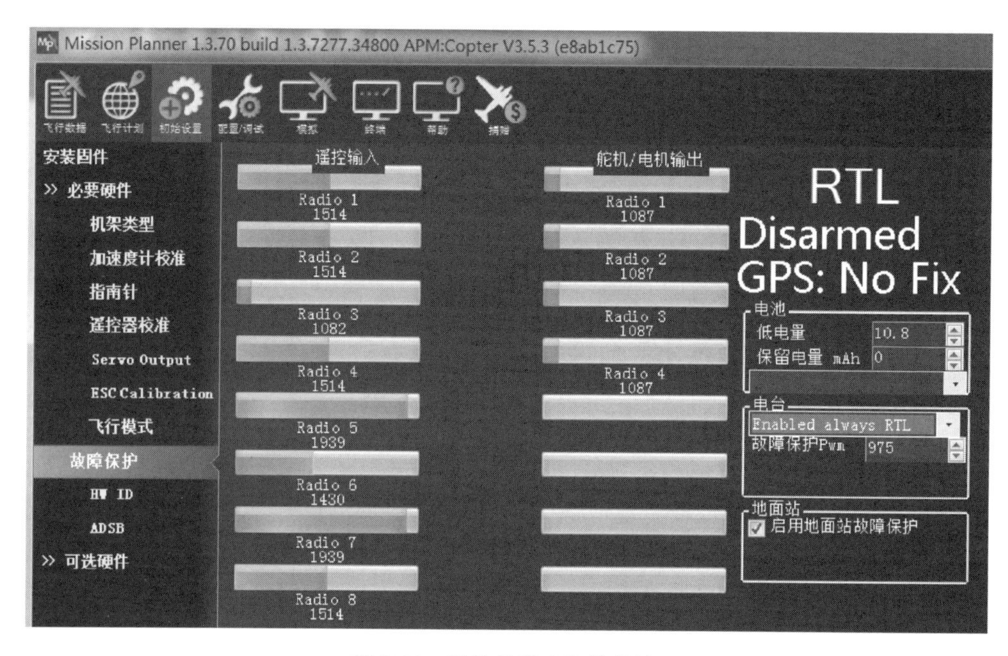

图7-36 遥控器姿态失控保护

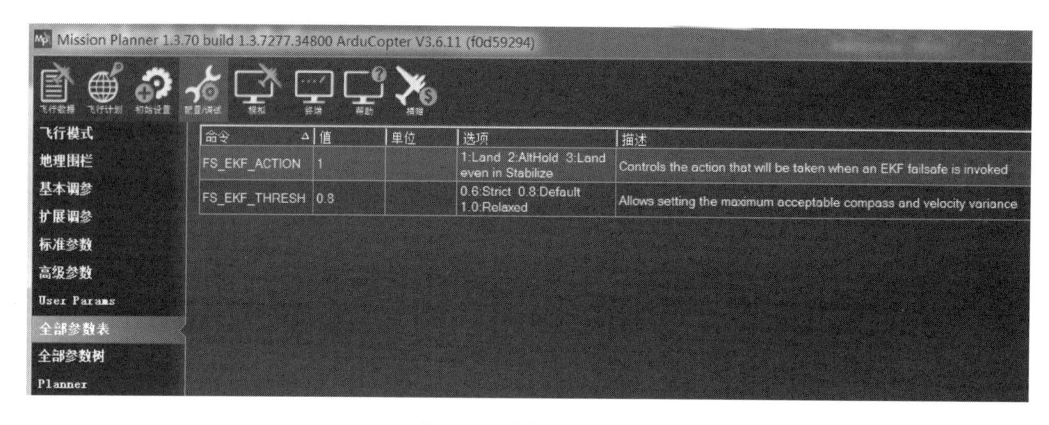

图7-37 全部参数查看

表7-1 参数含义

参数	意　义
FS_EKF_ACTION	控制失控保护执行动作，默认为1，可以修改为2，在飞行中，罗盘过大的降落都是由此失控保护导致
FS_EKF_THRESH	失控保护罗盘阈值，当干扰超过此值为失控

地面站故障保护触发后会发生以下情况。

① 在自稳模式或者特技模式下解锁，并且遥控器油门为0时，飞控会自动上锁。

② 如果GPS已经定好起飞前“家”的位置，飞离“家”2m以上距离时飞行器会自动返航。

③ 如果起飞前GPS没有定好位置，或在“家”2m之内时飞行时会自动降落。

④ 如果在自动飞行模式下，将参数Enabled_continue_in_auto_mode设置为2时将会继续执行任务。

打开主菜单下的“配置/调试”中的“全部参数表”，在搜索框中输入“FS_GCS_ENABLE”查询。0表示禁止地面站故障保护，1表示立即返航，2表示自动飞行模式将会继续任务，其他飞行模式返航，如图7-38所示。

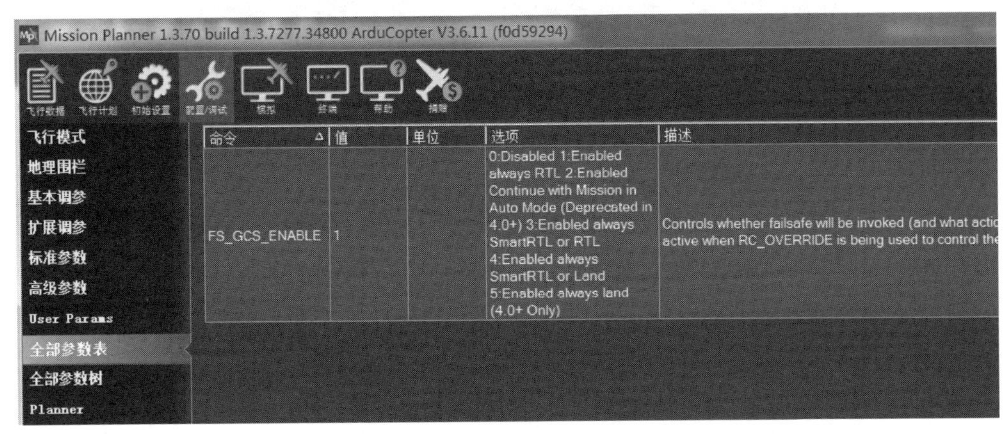

图7-38 搜索框中输入“FS_GCS_ENABLE”查询

触发地面站故障保护后，如果飞行器与地面站又恢复连接，飞行器会保持触发故障后的飞行模式（返航或者降落），此时，如果想重新控制飞行器，需要手工切换到其他飞行模式。例如开始在自稳模式飞行，触发地面站故障保护后，飞行模式自动更改为返航或降落，此时如果要重新控制飞行器，需要手工将飞行模式切换回自稳模式。

7.3.3 自动调参

ArduCopter 3.1-rc5以上版本具有自动调参功能，可以自动调整Stabilize P和Rate P、Rate D的参数，在飞行中不断地修正Roll和Pitch动作来得到最佳的PID参数。注意使用自动调参功能前必须切换至定高模式。

自动调参方法：飞行模式设定为定高模式，通道7（或通道8）设定为自动调参的开关，或者飞行模式设置为自动调参模式（在V3.3之后版本可设置），如图7-39所示。

在起飞时确保通道7（或通道8）处于低位，在一个晴朗的天气，到一个开阔的场地进行试飞，无人机起飞然后在一个合适的高度切换到定高模式，将通道7（或通道8）拨至高位以开启自动调参模式，无人机以20°倾角左右来回摆几分钟，然后在前后方向重复同样的过程。

如果无人机飞得过远，可以打杆拉回来（此时用的是最初设置的PID参数）。飞回来之后松开摇杆，自动调参将会继续进行。

把通道7（或通道8）打回低位结束自动调参，此时自动调参将会终止并且切回最初的PID参数。

自动调参完成后，飞行器将会切回最初的PID参数设置。

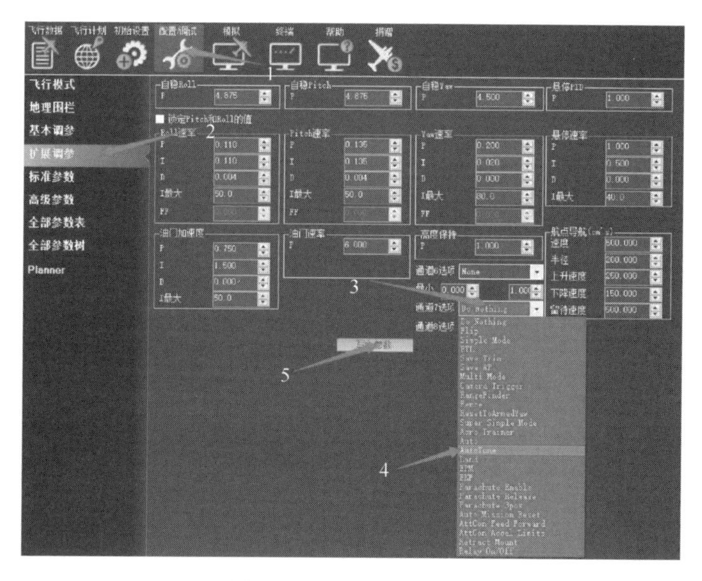

图 7-39 自动调参设置

如果想测试自动调参 PID 参数飞行效果，需要把通道 7（或通道 8）先切回低位，再打到高位。

如果想继续使用最初的 PID 参数设置，把通道 7（或通道 8）打到低位即可。

如果保存自动调参 PID 参数，在给无人机上锁的时候要保持通道 7（或通道 8）打到高位，新的 PID 参数将会保持并且覆盖最初的 PID 参数；否则在给无人机上锁的时候保持通道 7（或通道 8）低位，自动调参的参数将不会保存，如图 7-40 所示。

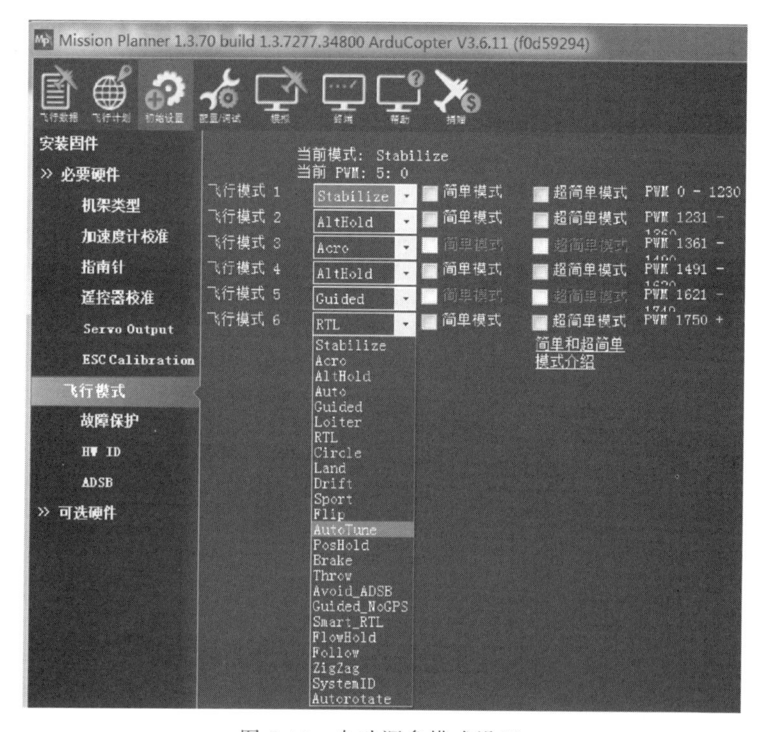

图 7-40 自动调参模式设置

7.3.4 参数设置

在地面站中，参数配置可以通过三个菜单完成，分别是“基本调参”“高级参数”“全部参数表”，“基本调参”可以配置一些必要的参数，面向普通用户；“高级参数”提供给高阶应用的用户调整（图 7-41）；“全部参数表”直接将所有参数以表格的方式提供给用户调整（图 7-42）。

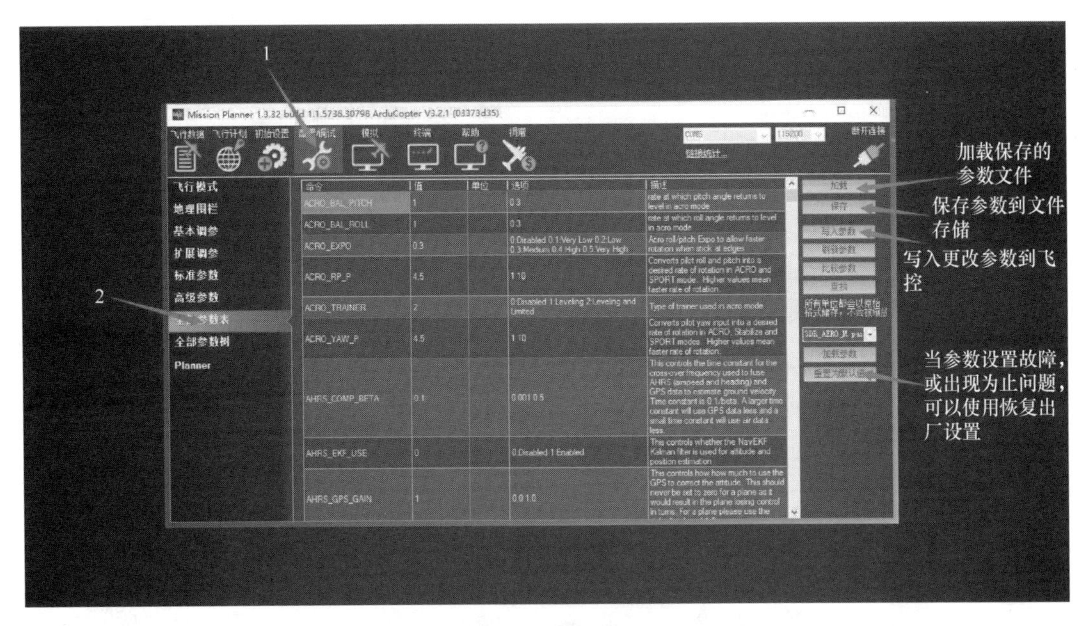

图 7-41　参数表设置

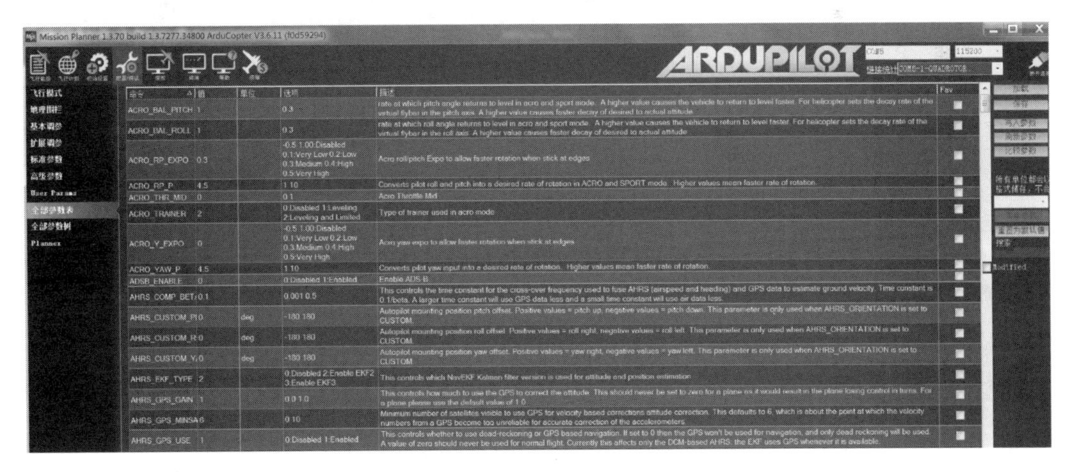

图 7-42　全部参数表查看

7.3.5 飞行日志下载与查看

飞行日志用于分析问题、查看飞行轨迹。将地面站与飞控连接，按图 7-43 所示操作，下载全部或部分日志。

单击“回顾日志”按钮，按图 7-44 所示步骤可打开日志文件。

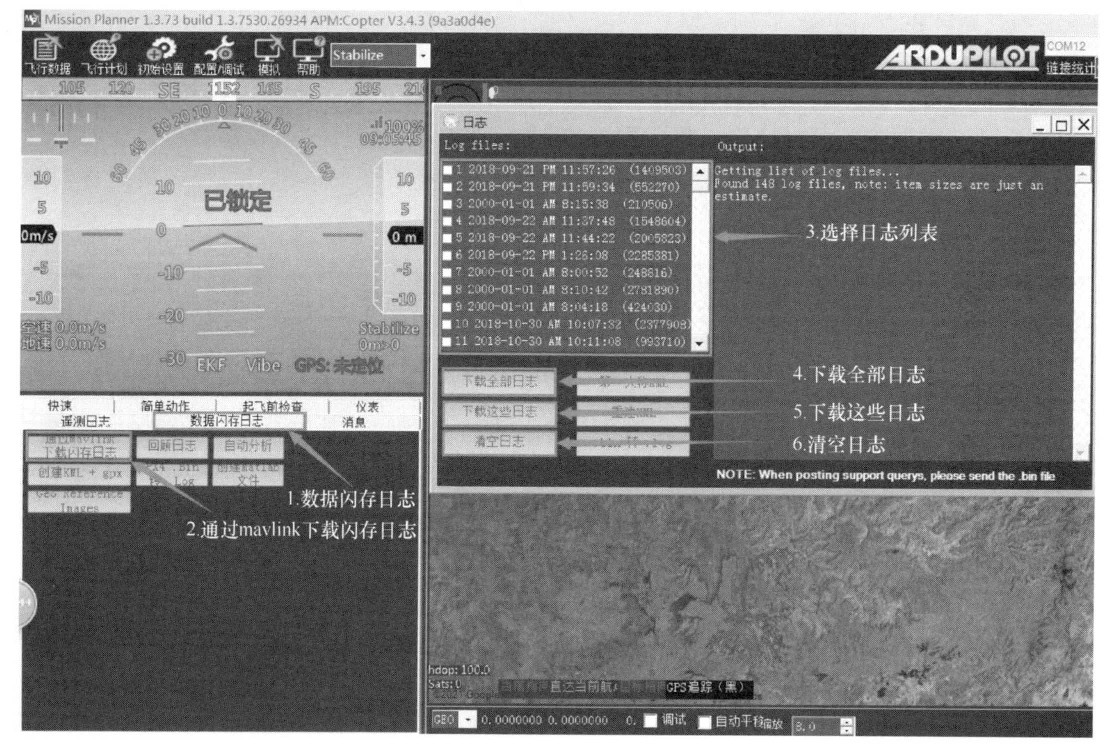

图 7-43　日志下载与查看

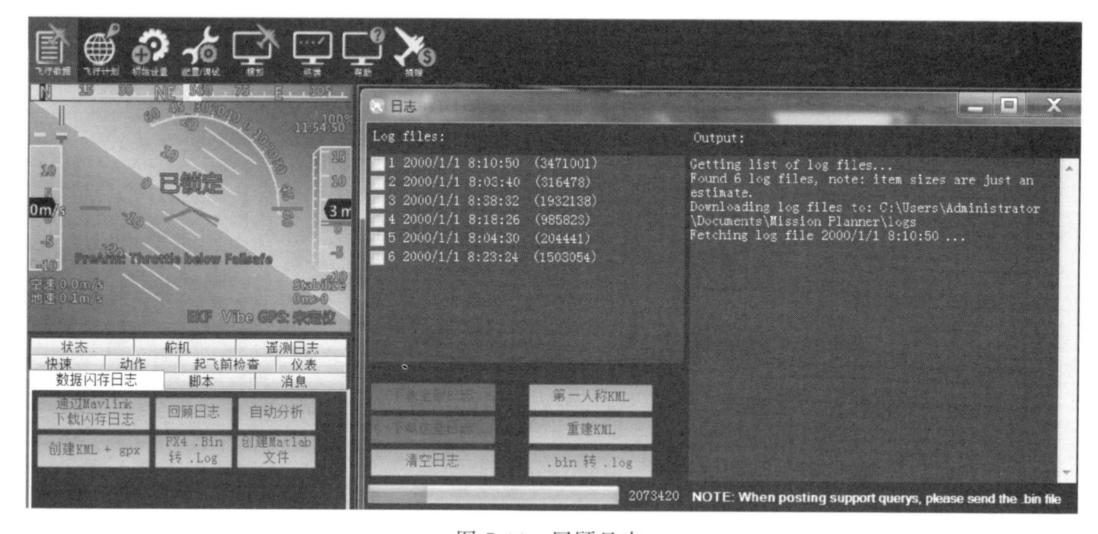

图 7-44　回顾日志

本章小结

本章首先介绍了地面站基本知识、地面站系统组成和地面站显示系统，然后介绍了无人机导航中常见的地球中心坐标系（ECEF）、WGS-84 坐标系、NED 坐标系和机体坐标系，最后介绍地面站调试软件 Mission Planner 的应用，包括飞控调试、飞行模式配置、失控保护、自动调参、飞行日志下载与查看等功能。

习题

1. 无人机地面站显示系统应能显示________信息。

A. 无人机飞行员状态　　B. 飞机状态及链路载荷状态　　C. 飞行空域信息

2. 地面站地图航迹显示系统可为无人机驾驶员提供飞机________等信息。

A. 飞行姿态　　B. 位置　　C. 飞控状态

3. 以下属于无人机的飞行模式的是________。

A. 姿态模式　　B. 红外模式

C. 视觉感知模式　　D. 障碍感知模式

4. ________功能通常包括指挥调度、任务规划、操作控制、显示记录等功能。

A. 数据链路分系统　　B. 无人机地面站系统　　C. 飞控与导航系统

5. ________主要是由飞行操纵、任务载荷控制、数据链路控制和通信指挥等组成，可完成对无人机机载任务载荷等的操纵控制。

A. 指挥处理中心　　B. 无人机控制站　　C. 载荷控制站

6. 无人机飞行模式的稳定性从高到低分别是________。

A. GPS、姿态、手动　　B. 手动、姿态、GPS

C. 手动、GPS、姿态　　D. GPS、手动、姿态

7. 指挥控制与________是无人机地面站的主要功能。

A. 飞行状态监控　　B. 任务规划　　C. 飞行视角显示

8. ________主要是制定无人机飞行任务、完成无人机载荷数据的处理和应用，指挥中心/数据处理中心一般都是通过无人机控制站等间接地实现对无人机的控制和数据接收。

A. 指挥处理中心　　B. 无人机控制站　　C. 载荷控制站

9. 无人机的GPS/COMPSS模块不能给无人机提供________数据。

A. 方向　　B. 位置　　C. 加速度

10. 无人机地面站系统不包括________。

A. 机载电台　　B. 无人机控制站　　C. 载荷控制站

第8章 无人机行业应用

【内容提要】 无人机本身只是一个飞行平台，在执行任务的时候需要搭载任务载荷，根据应用领域的不同要求将搭载不同的载荷，同时应用领域也呈多样化。目前在民用领域的应用主要包括农林、测绘、航拍、物流运输、电力巡检、安防、应急救援等。本章从无人机的光电任务载荷概述、常见应用领域等方面进行介绍。

8.1 无人机的光电任务载荷

光电任务载荷主要是依靠接收、探测以及发射自然或人工所产生的全频段光谱来实现侦察拍照、感知、测量和指示等功能，包括可见光范围的各种摄影摄像传感器、红外范围及紫外范围的感受器、激光发生器和感受器等。

8.1.1 光电任务载荷的特点

无人机的机载任务载荷是由无人机的尺寸和载重量以及任务需求所决定的。常用的光电任务载荷有可见光载荷、红外热像仪、紫外热像仪、合成孔径雷达、激光雷达和多光谱相机、光电吊舱等。机载任务载荷根据无人机的不同用途而配置，见表8-1。

表8-1 不同机型的光电任务载荷配置 (%)

项目	作业型无人机	微型无人机	战斗型无人机
光学相机	15	0	0
红外行扫描器	8	0	0
日光电视摄像机	79	100	0
微光电视摄像机	8	10	13
红外摄像机/前视红外	72	30	13
激光测距/照射器	15	0	0
合成孔径雷达	16	0	25
其他	24	10	40

光电任务载荷的优点：

① 隐蔽性好。光电任务载荷采用电视或红外工作模式，能够主动或被动接收目标的形状、亮度和热辐射等信息，实现对目标的搜索跟踪。

② 探测精度高。光电任务载荷的测角精度可以达到毫弧度（mrad），而雷达的测角精度一般在度的数量级。

③ 图像显示直观。光电任务载荷的显控台直接显示目标的几何图像或热图像，也容易实现对目标的自动跟踪。

④ 设备少、重量轻。与雷达相比，光电任务载荷设备少、体积小、重量轻，而且采用模块化结构，便于组装维护，可靠性高。

8.1.2　常用光电任务载荷

(1) 可见光载荷

无人机可见光载荷主要分为光学相机和电视摄像机，如图 8-1 所示。光学相机是一种经典的光学成像设备，也是最早装在无人机上的侦察设备。其最大的优点是具有极高的分辨率，目前其他成像探测器还无法达到这样高的分辨率。无人机上使用的电视摄像机应用广泛，其主要优点是体积小、重量轻、功效低、灵敏度高、抗冲击震动和寿命长，该载荷常和红外热像仪组成双光吊舱系统，满足全天候实时图像监测需要。

(2) 红外热像仪

红外热像仪的原理是通过探测目标的红外辐射，将目标的红外图形转换为可见光图形，发现并获取目标参数。红外热像仪通常和电视跟踪器、激光测距器等组成综合探测系统，用于探测、跟踪目标，向火控计算机输送目标的方位、仰角、距离等信息。在这种综合探测系统中，红外热像仪的主要作用是昼夜探测、监视、跟踪目标，如图 8-2 所示。

图 8-1　光学相机

图 8-2　红外热像仪

(3) 紫外热像仪

在高压设备电离放电时，根据电场强度（或高压差）的不同，会产生电晕、闪络或电弧。电离过程中，空气中的电子不断获得和释放能量。当电子释放能量（即放电）时，会辐射出光波和声波，还有臭氧、紫外线、微量的硝酸等。紫外成像技术就是利用特殊的仪器接收放电产生的紫外线信号，经处理后成像并与可见光图像叠加，达到确定电晕的位置和强度的目的，从而为进一步评价设备的运行情况提供依据。

电晕是一种发光的表面局部放电，由于空气局部高强度电场而产生电离。该过程引起微小的热量，通常红外检测不能发现。红外检测的通常是在高电阻处产生的热点。紫外热像仪可以看到的现象往往红外热像仪不能看到，而红外热像仪可以看到的现象往往紫外热像仪不能看到。因此，紫外成像技术与红外成像技术是互补关系，紫外检测放电异常，红外检测发热异常，原理完全不同，各自具有不可互替的优点，检测目的、应用方法也各具特性。紫外热像仪适用于以下方面。

① 运行中绝缘子的劣化以及复合绝缘子及其护套电蚀检测。

② 高压变电站及线路的整体维护。

③ 支柱式绝缘上的微观裂纹检测。

④ 悬挂式瓷绝缘中的零值绝缘子检测。

⑤ 评估绝缘设备表面的污秽程度。

⑥ 评估验收高压带电设备布局、结构、安装、设计是否合理。

⑦ 检测高压输变电设备上可能搭接的导电物体，如金属丝。

⑧ 大型发电机定子线棒端部和槽壁电晕放电检测。

(4) 合成孔径雷达

合成孔径雷达（Synthetic Aperture Radar，SAR）可以向目标区域持续发射电磁脉冲，并接收来自目标区域的回波信号。首先对接收到的目标回波信号进行处理，通过成像技术得到目标区域中的形状。根据不同的工作模式，SAR 可以分为条带式和聚束式两种。

(5) 激光雷达

激光探测与测量（Light Detection And Ranging，LiDAR）是利用 GPS（Global Position System）和 IMU（Inertial Measurement Unit，惯性测量装置）进行机载激光扫描。其所测得的数据用数字表面模型（Digital Surface Model，DSM）的离散点表示，数据中含有空间三维信息和激光强度信息。应用分类（classification）技术在这些原始数字表面模型中移除建筑物、人造物、覆盖植物等测点，即可获得数字高程模型（Digital Elevation Model，DEM），并同时得到地面覆盖物的高度，如图 8-3 所示。

图 8-3 激光雷达

(6) 多光谱相机

多光谱相机是在普通航空照相机的基础上发展而来的，多光谱照相是指在可见光的基础上向红外光和紫外光两个方向扩展，并通过各种滤光片或分光器与多种感光胶片的组合，使其同时分别接收同一目标在不同窄光谱带上所辐射或反射的信息，即可得到目标的几张不同光谱带的照片。

多光谱相机可分为以下三类。

① 多镜头型多光谱相机。它具有 4～9 个镜头，每个镜头各有一个滤光片，同时记录几个不同光谱带的图像信息。

② 多相机型多光谱相机。它是由几台照相机组合在一起，各台照相机分别带有不同的滤光片。

③ 光束分离型多光谱相机。它采用一个镜头拍摄景物，用多个三棱镜分光器将来自景物的光线分离为若干波段的光束。

(7) 光电吊舱

① 光电吊舱原理　无人机要在空中完成对目标的探测和跟踪任务，需要一个机载平台和搭载一个在该平台上由探测设备组成的集成系统，在硬件表现形式上称为吊舱。

根据内置设备的功能，机载吊舱可以分为导航吊舱、跟踪瞄准吊舱、红外测量吊舱、电子干扰吊舱及电子情报吊舱等。无人机上的精确制导武器主要靠跟踪瞄准吊舱来指示目标。跟踪瞄准吊舱是一个光电成像跟踪系统，它的捕获、跟踪、瞄准（ATP）功能最后是通过跟踪伺服系统来完成的。这个跟踪伺服系统主要由光电传感器系统、信号处理和控制系统、跟踪稳定系统（稳像系统）3 个部分组成。

光电吊舱一般由可见光相机、红外机芯、信号处理单元、图像压缩单元、稳定平台单元等组成，它有拍照和摄像的功能，可实现全天候对远距离目标的追踪、摄像、监控。无人机光电吊舱运用的技术种类较多，并且根据功能不同，技术类型也略有不同，最常用的、具有代表性的技术有：红外热成像技术、数字图像处理技术、动态目标跟踪技术三种。

② 光电吊舱陀螺稳定系统　光电吊舱陀螺稳定系统主要包括三大部分。

主体仪器：稳像系统的主体仪器是由两轴支撑的常平架结构，内环（水平环）用于安装光电测量仪器，外环（方位环）垂直安装在基座上。两环的转动轴正交，两环上分别安装一只二自由度挠性陀螺仪，通过锁定回路构成速率陀螺，用以测量两轴的转动角速度。

控制放大器：控制放大器根据操作指令和跟踪目标的脱靶量控制两环上的驱动电动机转动，使测量仪器的光轴始终对准目标。

脱靶量计算单元：脱靶量计算单元根据光电跟踪仪器测量的图像，计算目标的脱靶量，输入控制器作为系统位置环的输入量。

③ 图像处理技术　基于图像信息的目标跟踪，简称图像跟踪，是以图像处理技术为核心，有机融合了计算机技术、传感器技术、模式识别、人工智能等多种理论和技术的新型的目标识别跟踪技术。它依靠成像技术，可以获取更加丰富的目标信息，有极强的抗干扰能力以及良好的全天候工作能力。能够利用目标与真实空间信息之间的相互关系，有效地减小机动估计延时、提高跟踪性能。因此，这种基于图像传感器及图像处理的直接机动估计方法具有广阔的发展前景。图像跟踪基本上可分为波门跟踪、相关跟踪、基于目标运动模型的滤波器跟踪三种方式，其中以第三种跟踪方式应用最为广泛、效果最好。

8.2 常见无人机应用领域

8.2.1 航测无人机应用领域

航测无人机是利用装在飞行器底部的摄像机，在空中按一定高度沿预定的航线，对地面进行连续摄影。航摄成像原理是地面的中心投影，地形图则是地表在水平面上的垂直投影，涉及投影过程的几何反转、中心投影的透视变换两种技术成果的对接与转化。将中心投影的航摄相片转化为垂直投影的地形图，也是无人机航测的主要任务。

相较于传统的星际遥感影像和人工测量，测绘无人机以低成本、机动灵活、方便运输的特性，用大范围、高精度、高清晰的方式全面感知复杂场景，以高效的数据采集设备及专业的数据处理流程来生成三维数据成果，可以直观反映地物的外观、位置、高度等属性，为真实效果和测绘级精度提供保证。航测无人机的应用领域覆盖面非常广泛，目前主要应用在以下几个场景中。

(1) 国土部门测绘

通过快速获取测绘无人机航摄数据，能够快速掌握测区的详细情况，应用于国土资源动态监测与调查、土地利用和覆盖图更新、土地利用动态变化监测、特征信息分析、土地确权等。高分辨率的航空影像还可应用于区域规划等。

(2) 管线设计

遥感无人机可应用于交通选线、电塔选线、高铁选线，能够根据项目需求，快速获取线状无人机航空影像，为选线快速提供设计数据。此外，遥感无人机还可以针对石油、天然气管道进行选线设计和全方位的监测，厘米级别的航空影像和高清视频能够协助进行安全监测与管理，同时利用管道压力数据结合影像发现管道渗漏、偷盗等现象。

(3) 农田信息监测

高分辨率航空影像能够提供准确的土地纹理和作物分类信息，可应用于农业用地分析、作物类型识别、作物长势分析、土壤湿度测定、农业环境调查、水产养殖区监测等，如图 8-4 所示。能够针对特定农业作物，确定种植面积、生长状况、生长阶段和产值预估。

图 8-4　监测农作物信息

(4) 环境监测

高效快速获取高分辨率航空影像能够及时地对环境污染进行监测，尤其是排除污染方面。此外，海洋监测、溢油监测、水质监测、湿地监测、固体污染物监测、海岸带监测、植被生态等方面都可以借助遥感无人机拍摄的航空影像或视频数据实施。其中，水质调查监测、污染物监测、大气环境监测、固态废物检测、秸秆禁烧监测是主要的应用方向。

(5) 应急救援

通过无人机航测，对有可能发生地质灾害的区域，可判断出水土流失情况、土地沙漠情况、地面沉陷范围、地裂缝长度、滑坡位置、泥石流位置等。拍摄高清晰的实时图像，为灾情提供重要的信息。同时当灾害发生时，无人机可做出快速响应，第一时间获取受灾地区的影像数据并辅助指挥救灾。无人机在测绘领域受到重视，是从应急救灾中开始的。无论是汶川地震、玉树地震，还是舟曲泥石流、安康水灾，航测无人机都在第一时间到达现场，并充分发挥机动灵活的特点，获取灾区的影像数据，对救灾部署和灾后重建工作的开展起到了重要作用。

8.2.2 航拍无人机应用领域

航拍无人机有小型轻便、高效机动、影像清晰、安全和智能等突出特点。无人机为航拍摄影提供了操作方便、易于转场的遥感平台，它与载人机相比，成本更低，起飞、降落受场地限制小，特别是多旋翼无人机，几乎可以在任何地点起飞和降落，其稳定性、安全性好，转场非常容易。无人机可以到达有人机不能到达的地方进行拍摄，例如建筑物内部、桥梁底部、涵洞以及火灾现场、高辐射、有毒有害气体等环境。目前主要应用在以下几个场景中。

(1) 街景拍摄、监控巡察

利用携带摄像机装置的无人机，开展大规模航拍，实现空中俯瞰的效果。其拍摄的街景图片不仅有种鸟瞰世界的视角，还带有些许艺术气息。

(2) 交通监视

无人机参与城市交通管理能够发挥自己的专长和优势，帮助城市交通管理部门共同解决大中城市交通顽疾，不仅可以从宏观上确保城市交通发展规划贯彻落实，而且可以从微观上进行实况监视、交通流的调控，构建水陆空立体交管，实现区域管控，确保交通畅通，应对突发交通事件，实施紧急救援。

(3) 农业保险

集成了高清数码相机、光谱分析仪、热红外传感器等装置的无人机在农田上飞行，可准确测算投保地块的种植面积，所采集数据可用来评估农作物风险情况、保险费率，并能为受灾农田定损。此外，无人机的巡查还实现了对农作物的监测。

(4) 影视剧拍摄

无人机航拍作为现在影视界重要的拍摄方式之一，与传统飞行航拍方式相比，更为经济、安全、便于操控。因此，无人机航拍受到了影视创作与技术人员的热捧。近年来，应用无人机航拍制作的影视作品层出不穷，专题片、影视剧、广告宣传片、音乐电视等都采用了无人机完成航拍作业，并且取得了令人瞩目的社会与经济效益。

地面控制系统解放了飞行员与摄影师，使飞行员可以专心于飞行姿态的控制，执行预期航线，摄影师则可以通过地面控制系统遥控摄像机的推、拉、摇以及旋转、俯仰等动作，专注于技术创作与艺术渲染，原则上如同操作一架可以任意移动的摇臂摄像机。

8.2.3 无人机在林业上的应用

(1) 森林资源调查中的应用

森林资源调查是林业上一项非常重要的工作，其技术手段也在不断提高。近年来，无人机作为一种新技术也在森林资源调查中得到应用。传统手段在森林资源调查中需要耗费大量人力、物力，尤其是在地理环境条件不好的区域，调查人员无法或很难到达的地方，利用无人机遥感技术可以快速获得所需区域高精度的空间遥感信息，不仅对森林图斑精确区划，而且低成本、高效率、高时效。应用无人机遥感技术在森林资源二类调查中取得了较好效果。

(2) 森林资源监测中的应用

森林资源监测是对森林资源的数量、质量、空间分布及其利用状况进行定期定位的观测分析和评价的工作，是森林资源管理和监督的基础工作。传统方法是基于历史数据分析和实地建立实测点定时监测，其误差大、费用高，而作为传统地面实测的重要补充，无人机遥感技术的应用具有快速、准确、实时等明显的优势，不仅减少外业工作量，而且提高了工作效率。无人机遥感技术在森林资源监测中的主要应用有森林火灾监测、森林病虫害监测和野生动物监测等。

① 森林火灾监测　森林火灾是一种突发性强、破坏性极大的自然灾害。早期监测对于预防森林火灾至关重要。最基础的森林防火方式是通过人员定期、定时巡查。这种方式劳动强度大，不仅浪费大量的人力和物力，而且火点观测精度低。虽然可采用卫星遥感技术，但其分辨率、时效性不高，而无人机在森林防火中具有低成本、高时效、机动灵活、应急快速、实时巡查能力强等优势，有助于提早发现森林火情，及时掌握火情信息，迅速部署防火力量，进而减少生命、财产损失。无人机在森林火灾监测中应用案例较多，例如借助无人机遥感实现智能化无人机林火识别技术；利用无人机遥感技术获得的遥感图像，再将森林火灾图像转化为 HSV 空间，选择径向基函数作为支持向量机的核函数进行森林火灾识别，结果对森林火灾的检测及识别准确度大于 87%，为探明林火的发生提供了有效手段；利用无人机成功探测到火点及覆盖面积，并可报警提示，提供火点的具体坐标。

② 森林病虫害监测　森林病虫害是威胁森林健康的首要因素，其对森林资源的破坏是

巨大的，是“不冒烟的森林火灾”。传统病虫害的监测手段主要依靠巡逻检测等人工手段，其主观性强且具有时间滞后性，尤其在大面积、地形复杂的情况下，传统手段显出更大弱势。而无人机遥感技术在病虫害监测中具有监测面积广、实时、客观、高效率等优点，不仅可以有效降低人力及物力成本，而且便于全面掌握森林受灾的整体情况，提出更为快速有效的应对措施，进而减少病虫害对森林资源的损害。无人机在森林病虫害监测中的应用研究也不少，例如利用无人机遥感技术获取图像，再提取图像中像素点的特征向量，可精确划分出病虫害发生的区域等；利用无人机遥感技术获得的图像，通过分析处理有效地获取森林病死木、病虫害的位置信息；利用无人机对病虫害危害的松树进行低空航拍获得影像，再利用松树受害后树冠颜色改变的特征，可对目标虫害的枯死木进行定位标注，并统计出作业区内变色树木的数量。

③ 野生动物监测　野生动物不仅关乎大自然的生态平衡，还对人类的生存及发展有着重大意义，及时掌握野生动物的种类、数量、分布等基本情况对野生动物保护至关重要。传统监测方法是人工直接计数法、样带样方推算法等，这些方法精度低且成本高，而无人机具有非常明显的优势，不仅对野生动物的扰动少、可进入人难以到达的区域、可避免某些野生动物对监测人员的伤害，而且具有高时效性、低成本等优势。

(3) 森林信息获取中的应用

无人机遥感技术使得森林信息能够实现实时、动态地获取。无人机在森林信息获取中的应用主要有森林蓄积量估算、森林生物量估测、森林郁闭度估测等。

① 森林蓄积量估算　森林蓄积量是指一定森林面积上存在着的林木树干部分的总材积。传统森林蓄积量调查需要耗费大量的人力和物力，且效率低。虽然利用卫星遥感影像极大地节省了人力和物力，但其适合大尺度的蓄积量调查，而对于小尺度精准测量精度不够，因此基于无人机遥感技术进行森林蓄积量的估算不仅效率高、外业工作量低，又有一定的精度保证，是一种有效的方法。关于无人机遥感技术在森林蓄积量测算中的研究很多，如将无人机融入九棵树多边形样地算法，经过精度分析，蓄积量等各林分调查因子相对误差介于8.80％～12.57％，相关系数介于0.624～0.927，满足森林资源二类调查需求，适用于小尺度精准林业作业。例如，利用无人机获取图像，并提取冠幅进而对桉树林分的蓄积量进行估测，其中最高的精度为98.94％、最低的精度为64％、总体精度为91.20％，总体满足林业的精度要求。

② 森林生物量估测　森林生物量是森林生态系统最重要的特征，对森林生物量值的准确计算有助于研究生态系统的生产力、整个生物圈的碳循环及全球气候变化。收获法是估算森林生物量最准确的方法，但这种方法耗费大量的时间、人力及物力。虽然利用卫星遥感影像可节省大量的人力和物力，但其适合大尺度的估测，对于小范围单木生物量的精确测量还不够。而无人机遥感技术就体现出其优越性。利用无人机遥感技术对森林生物量估测也有研究，如利用无人机获取高分辨率影像，从影像中提取单木树冠面积，结合模型及经验方程式来估测森林生物量。

③ 森林郁闭度估测　森林郁闭度是指森林中乔木树冠遮蔽地面的程度，是评价森林资源质量的重要指标。郁闭度获取的传统方法是目测法、样点法、样线法等，但其不适合大范围或大尺度的郁闭度测定，且劳动强度大、成本高及误差大。虽然卫星影像的应用可以大面积估测郁闭度，但由于受空间分辨率的影响，提取的郁闭度信息精度不会太高。而无人机遥感凭借获取的影像分辨率高等优势可以准确可靠地提取森林郁闭度信息。无人机遥感技术在

估测森林郁闭度方面也有其他应用，例如利用无人机获取影像，再使用面向对象分类方法和多尺度分割技术估测林分郁闭度，其估测值与人机交互判读结果相比，精度可以达到 0.90 以上，基本符合实地目测结果。

(4) 营造林核查

营造林核查是林业日常工作，由于营造林普遍面积较大，采取人工目视检查工作强度大且难于全面检查到位。利用无人机获取的影像，通过影像分析可以计算造林面积、株数，再通过统计死亡株数和总株数得出成活率和保存率，这样不仅降低工作强度，也极大提高了工作效率和工作质量。例如将无人机航测技术应用到营造林核查中，并与传统手段对比发现无人机航测技术的效率和质量均高于传统手段。

(5) 林业执法管理

在林业执法管理中，乱砍滥伐、违法征占林地、毁林开垦等破坏森林资源的违法行为时有发生，如何对这些违法行为及时发现并有效取证，给林业管理提出了挑战。传统人工巡检方式，劳动强度大，效率低，且信息获取不准确，而卫星遥感技术由于其成本高、时效性差，无法满足实时监控的需求。无人机的应用给林业执法管理带来新的解决途径，可以满足林业执法对时效性、准确性的要求。

8.2.4 无人机在安防上的应用

无人机在处理安防过程中的主要作用体现在以下几个方面。

(1) 采集现场数据

这种方式是将现场的视、音频信息传送到指挥中心，跟踪事件的发展态势，供指挥者进行判断和决策。很多情况下街头的监控设备都会被不法分子破坏，无法了解事发现场的事件情况，而无人机机载摄像头则完全不受影响，到达现场之后能够迅速展开，还可以多角度大范围地进行现场观察，具有不可替代的作用，是一般监控设备无法比拟的，空中优势明显。

(2) 投放物体

当一些大型群体骚乱事件出现时，由于参加的人员众多，容易缺乏理智，现场很难控制。必要时可利用工业无人机播撒传单，向现场群众传递有关信息，引导群众配合政府的施救行动，或为了驱散示威人群，直接投放驱散物质。

(3) 进行空中喊话

突发事件具有不确定性，如果在处置过程中不能使用正常的宣传工具与群众进行沟通，可通过工业无人机搭载扩音设备对现场进行喊话，传达正确的舆论导向。

(4) 保持监控地区的数据传输链路做通信中继

应急出警的通信设备需要租用卫星线路，提前申报手续繁杂，由于高楼林立，通信信号盲区多，导致信号不能及时传递到指挥中心，致使决策滞后。无人机搭载的小型通信设备则起到了低空卫星的作用，对地面形成不间断的信号链接，使指挥系统能及时接收到事发现场的详细警情。

一套完整的智能无人机警用全集成化应急系统由搭载无人机的专用警车、无人侦察机、无人通信中继机、无人机信号地面接收站、数据传输处理系统、无人机操控台、地面站监控台以及无人机专用通信设备组成，如图 8-5 所示。全部设备可以集成到一辆警车中，随时应对突发警情快速做出反应。

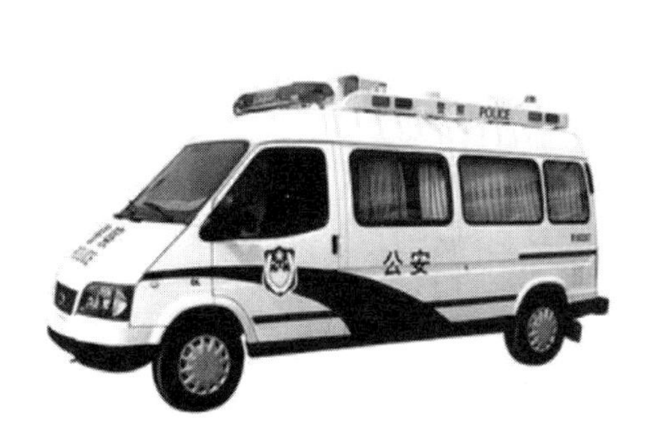

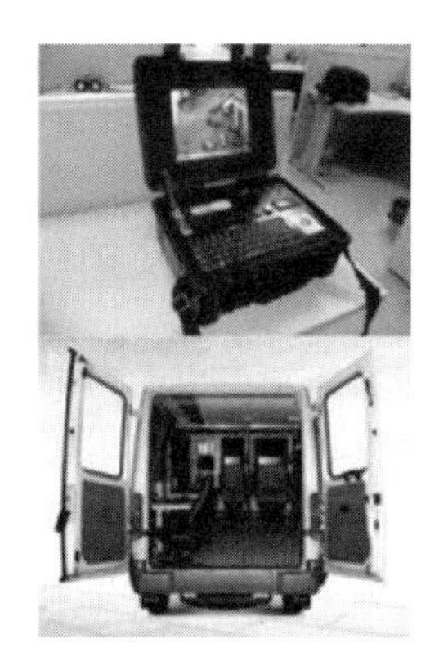

图 8-5 无人机警用全集成化应急车

8.2.5 无人机在电力巡检上的应用

(1) 无人机电力巡检内容

① 范围巡检：包括违章树木、违章建筑、新架线路、新建建筑物、大型设备等巡检。

② 定点巡检：包括混凝土杆、铁塔、基座、斜拉线、变电设备等巡检。

③ 精细巡检：包括防震锤、螺钉、线夹、连接器、瓷瓶、绝缘子、异物等巡检。巡检连接器操作如图 8-6 所示。

图 8-6 巡检连接器操作

④ 其他巡检：包括防雷、接地、惊鸟器、警告牌等巡检。

(2) 无人机巡检机型种类

① 固定翼无人机电力巡检典型作业任务以线路通道巡检为主，如周边物体对线路的威胁评估，地质环境变化，植物生长，线路上大尺度物体检查（如风筝、鸟巢等）。

② 中小型旋翼无人机主要任务是塔体的精细巡检，其中，小型多旋翼无人机主要用于运输车辆 3km 以内的单塔和多塔巡检，一般一次巡检 1～2 塔。

③ 中型无人机用于运输车辆 10km 以内的多塔巡检，基本处于盲飞阶段。

(3) 无人机电力巡线的优势

① 无人机巡线作业环境适应性强、准确性高。尤其是在遇到电网故障和异常天气条件下，无人机弥补了线路巡检人员不具备的交通优势，并且可携带可见光、红外热像和紫外热像等设备对线路进行全方位观测。无人机还能进行定点悬停，对线路进行更详细的检测。内置 GPS 定位导航系统的无人机也可免去失踪的风险，将风险降到最低。

② 无人机具有巡线速度快、应急反应迅速、及时发现缺陷等优势。360°巡线弥补了人工作业时的视觉盲区，准确提供信息，提高维护和检修速度与效率，大大降低了成本，无人机巡线比人工巡线效率高出 40 倍。

③ 保障人员安全。传统人工巡线通常都要面临被野生动物与昆虫袭击的危险，在山洪暴发、地震灾害等紧急情况下，甚至危及生命安全。无人机不受地形限制，交通安全，可对

线路的潜在危险，例如塔基陷落等问题进行勘测与紧急排查，丝毫不受路面状况影响。

8.2.6 无人机在农业植保上的应用

传统的农业耕种情景如今已经逐渐淡去，取而代之的是，只需要拨动摇杆或按动几个按钮，无人机就腾空而起，按照规划好的路径进行飞防作业。除了省时省力，无人机作业全程通过计算机设定操作，比起人工通过经验判断来说，大大提高了精准性，还能减少近一半的农药用量，让农业生产更绿色。

(1) 喷洒系统

植保无人机的喷雾系统主要由药液箱、雾化装置、液泵及其附件（稳压调压装置）等部分组成，如图8-7所示。农药药液在液泵的压力作用下从药液箱通过管路到达喷头，在喷头处经液力式喷头（图8-8）或离心式喷头（图8-9）雾化后喷洒到靶标作物上。

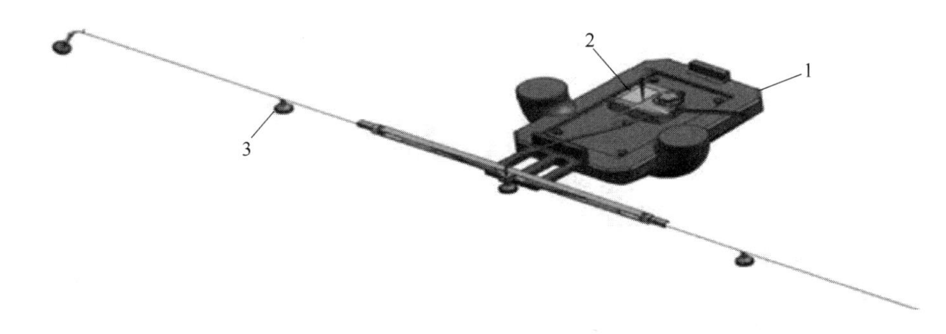

图8-7 植保无人机喷雾系统主要组成

1—药液箱；2—液泵；3—喷杆及喷头

图8-8 液力式喷头

图8-9 离心式喷头

(2) 无人机植保喷洒的优势

① 高效安全 农用无人机植保低空超低量喷洒效率高，平均每分钟可喷洒2亩（1亩=666.7m^2），一架飞机每小时可完成施药100亩。每次装药10kg可以喷洒8～10min，每次起降可喷洒农田16～20亩，是常规人工喷洒速度的80倍，是地面植保机具防治效果最高的高杆宽喷雾器速度的8倍。农用无人机自动飞控导航作业，最大限度地减少了工作人员接触农药的时间，从而可以保证工作人员的生命安全。

② 节约水药，降低成本 植保无人机喷洒技术采用喷雾喷洒方式至少可以节约30%～

50%的农药使用量，节约90%的用水量，很大限度降低资源成本。而且规模化喷洒方式有利于政府植保部门对农作物质量的把控，减少对环境和农作物的污染，既环保又高效。

③ 防治效果好　无人机超低量喷药作业高度比较低，可空中悬停，药液雾化效果好，旋翼产生的向下气流有助于增加雾流对作物的穿透性，可减少飘移，增加药液在单位面积上沉降覆盖密度，达到均匀喷洒农药的效果，在植物绒毛的表面形成一层均匀有效的农药膜，提高了农药的有效性，防治效果好，用药量少，减少农药对土壤和环境的污染。

④ 作业自动化程度高　无人机超低量施药不受地形和高度限制，可在田间地头起飞，只要在其飞行高度和控制信号有效范围内，可采用遥控操作或预先设定农田GPS信息确定飞行轨迹自动飞行喷洒作业；无人机在失去遥控信号的时候能够在原地自动悬停，等待信号的恢复，具有失控保护功能；停止再启动后能按航线自主接力，即断药再补药后，从断点开始续喷，从而减少了人工漏喷、重喷的现象。

⑤ 适应性强　无人机作业，既可喷药，也可喷施叶面肥；既适用于小麦、大豆、水稻等低秆作物，也适用于玉米、棉花、高粱等高秆作物和林果带；同时还适用于丘陵、山区作业，适应性强。

⑥ 劳动强度低，防治及时　无人机植保效率高，使人远离作业的恶劣环境，安全可靠，与人工作业相比，劳动强度降低，为目前农村劳动力紧张、劳动力成本高等问题提供了可行的解决方法。当病虫害大面积发生时，可尽快控制虫害。

本章小结

本章首先介绍了无人机搭载的常用光电任务载荷，涵盖了可见光载荷、红外热像仪、紫外热像仪、合成孔径雷达、激光雷达、多光谱相机等。然后分别介绍了无人机在航测、航拍、林业、安防、电力巡检、农业植保几个领域的应用情况、优势及特点等。

习题

1. 什么是任务载荷?
2. 简述光学相机的主要性能参数。
3. 简述无人机电力巡检的主要技术。
4. 航拍为什么选择多旋翼无人机?
5. 简述民用无人机的未来发展趋势。

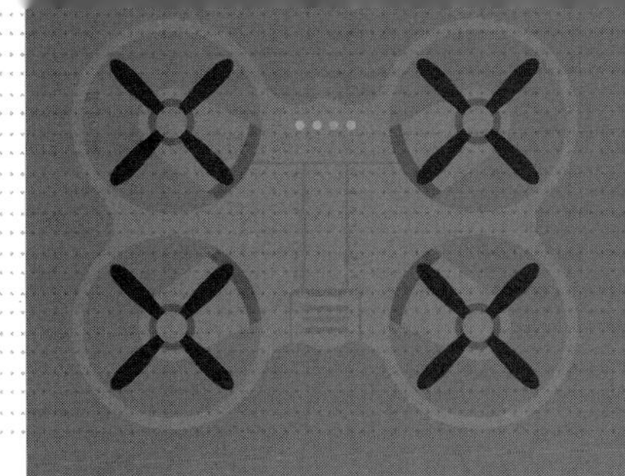

附录

无人机法律与法规知识

本附录汇总了我国现行的通用航空法规体系，包括法律、法规、规章和标准等。

我国民用航空法律体系主要由航空法典，国务院有关民用航空的行政法规，民用航空规章，关于航空法的立法、司法和行政解释和其他民用航空规范性文件构成，目的是为了加强民用无人驾驶航空器（以下简称民用无人机）的管理。

近年来，我国出台了一系列通用航空市场运行标准以及外商投资通用航空业等方面的法规、规章，初步建立了较为完善的通用航空法规体系。我国现行的通用航空法规体系包括法律、法规、规章和标准等，如附表1所示。

附表1　我国现行的通用航空法规体系

序号	名称	实施时间	颁布机构	主要目的	部分内容
1	《中华人民共和国民用航空法》	1996年3月1日	全国人大常委会	为了维护国家的领空主权和民用航空权利，保障民用航空活动安全和有秩序地进行，保护民用航空活动当事人各方的合法权益，促进民用航空事业的发展而制定的法律	民用航空法部分内容
2	《中华人民共和国飞行基本规则》	2001年8月1日	国务院，中央军委	为了维护国家领空主权，规范中华人民共和国境内的飞行活动，保障飞行活动安全有秩序地进行，制定本规则。凡辖有航空器的单位、个人和与飞行有关的人员及其飞行活动，必须遵守本规则	飞行基本规则部分内容
3	《通用航空飞行管制条例》	2003年5月1日	国务院，中央军委	为了促进通用航空事业的发展，规范通用航空飞行活动，保证飞行安全而制定的条例	管制条例部分内容
4	《民用无人机驾驶员管理规定》	2018年8月31日	民航局	随着技术进步，民用无人驾驶航空器(也称远程驾驶航空器，简称无人机)的生产和应用在国内外得到了蓬勃发展，其驾驶员(业界也称操控员、操作手、飞手)等数量也在快速增加。局方有必要在不妨碍民用无人机多元发展的前提下，加强对民用无人机驾驶员的规范管理，促进民用无人机产业的健康发展	驾驶员管理规定部分内容

续表

序号	名称	实施时间	颁布机构	主要目的	部分内容
5	《民用无人驾驶航空器系统空中交通管理办法》	2016年9月21日	民航局	为了加强对民用无人驾驶航空器飞行活动的管理，规范其空中交通管理工作，依据《中华人民共和国民用航空法》《中华人民共和国飞行基本规则》《通用航空飞行管制条例》和《民用航空空中交通管理规则》，制定本办法	空中交通管理办法部分内容
6	《轻小无人机运行规定》（征求意见稿）	2019年1月	民航局	近年来，民用无人机的生产和应用在国内外蓬勃发展，特别是低空、慢速、微轻小型无人机数量快速增加，占到民用无人机的绝大多数。为了规范此类民用无人机的运行，依据CCAR-61部和CCAR-91部，发布本咨询通告	运行规定部分内容

参考文献

［1］ 高鹏举．无人机系统导论［M］．北京：航空工业出版社，2017．

［2］ 严月浩．无人机概论［M］．西安：西北工业大学出版社，2019．

［3］ 杨苡，戴长靖，孙俊田．无人机操控技术［M］．北京：机械工业出版社，2020．

［4］ 符长青，曹兵．多旋翼无人机技术基础［M］．北京：清华大学出版社，2018．

［5］ 张月义，韦志军，郭文亮．无人机操控技术［M］．西安：西北工业大学出版社，2019．

［6］ 杨宇，陈明．无人机模拟飞行及操控技术［M］．西安：西北工业大学出版社，2019．

［7］ 于保宏．无人机法律与法规知识［M］．北京：航空工业出版社，2017．